Untersuchung von Ejektor-Kälteanlagen beim Einsatz in tropischen Gebieten

Von der Fakultät für Maschinenbau
der Technischen Universität Carolo-Wilhelmina zu Braunschweig

zur Erlangung der Würde eines
Doktor–Ingenieurs (Dr.–Ing.)

genehmigte Dissertation

von: Ricardo Fiorenzano de Albuquerque
aus: Recife, Brasilien

eingereicht am: Juni 2010
mündliche Prüfung am: 04. Februar 2011

Referenten: Prof. Dr.–Ing. Jürgen Köhler
Prof. Dr.–Ing. Stephan Scholl
Vorsitzender: Prof. Dr.–Ing. Ferit Küçükay

2011

Bibliografische Information der Deutschen Nationalbibliothek
Die Deutsche Nationalbibliothek verzeichnet diese Publikation in der Deutschen Nationalbibliografie; detaillierte bibliografische Daten sind im Internet über http://dnb.d-nb.de abrufbar.

1. Aufl. - Göttingen: Cuvillier, 2011
Zugl.: (TU) Braunschweig, Univ., Diss., 2011

978-3-86955-725-0

Nonnenstieg 8, 37075 Göttingen
Telefon: 0551-54724-0
Telefax: 0551-54724-21
www.cuvillier.de

1. Auflage, 2011
Gedruckt auf säurefreiem Papier

978-3-86955-725-0

Vorwort

Die vorliegende Arbeit entstand während meiner Zeit als Doktorand am Institut für Thermodynamik der Technischen Universität Carolo-Wilhelmina zu Braunschweig. Diese Arbeit wurde von der Deutschen Bundesstiftung Umwelt (DBU) im Rahmen des Promotionsstipendienprogramms gefördert.

Mein ganz besonderer Dank gilt Prof. Dr.-Ing. Jürgen Köhler für seine motivierenden Worte und die ausgezeichnete fachliche Betreuung während der gesamten Zeit meiner Promotion. Ich möchte mich bei Prof. Dr.-Ing. Stephan Scholl für die Übernahme des Zweitgutachtens dieser Arbeit bedanken. Prof. Dr.-Ing. Ferit Küçükay bin ich für die Übernahme des Vorsitzes der Prüfungskommission herzlich dankbar. Nicht zu vergessen ist Profa. Ana Rosa Mendes Primo, die meinen Kontakt mit Prof. Dr.-Ing. Jürgen Köhler ermöglicht hat.

Ich möchte mich herzlich bei allen Mitarbeitern des Institut für Thermodynamik für die hilfreiche Zusammenarbeit bedanken. Mein besonderer Dank gilt Dr.-Ing. Willi Tegethoff und Dr.-Ing. Nicholas Lemke für die fachliche Unterstützung und die freundliche Art und Weise, wie sie mir mit meiner Arbeit geholfen haben. Auch bei der Werkstatt unter der Betreuung von Ralf Herrmann und den übrigen Mitarbeiter möchte ich mich für die Hilfe an meinen experimentellen Untersuchungen bedanken. Bei allen Mitarbeitern der Firma TLK-Thermo möchte ich mich für die Unterstützungen herzlich bedanken. Speziell möchte ich mich für die enge Zusammenarbeit mit meinem ex-Bürokameraden Dip. -Ing. Christian Tischendorf bedanken. Ohne seine Hilfe wäre die Realisierung der Experimenten nicht möglich gewesen.

Meiner Familie möchte ich herzlich danken, speziell meiner Tochter Letícia, die die Zeit während meiner Arbeit weit weg von mir in Brasilien geblieben ist und damit am meisten gelitten hat. Bei meiner Freundin Jenifer Thiemig möchte ich mich herzlich für die moralische Unterstützung und die enorme Geduld während der Zeit meiner Promotion bedanken.

Inhaltsverzeichnis

Abbildungsverzeichnis

Tabellenverzeichnis

Nomenklatur

Lateinische Buchstaben

A	Fläche $[m^2]$
A_{eff}	effektive Querschnitt $[m^2]$
A_0	geometrische Querschnitt $[m^2]$
c	Geschwindigkeit $[\frac{m}{s}]$
D_1	Durchmesser Treibdüsen-austritt$[m]$
D_2	Durchmesser Mischrohr$[m]$
e_{Verd}	Volumen bezogener Verdichtungsarbeit $[\frac{W}{m^3}]$
e_{Exp}	Volumen bezogenen Dissipationsenergie $[\frac{W}{m^3}]$
d	Durchmesser $[m]$
h	spezifische Enthalpie $[\frac{J}{kg}]$
L_m	Länge Mischrohr $[m]$
$\dot{m}$	Massenstrom $[\frac{kg}{s}]$
Oh	Ohnesorgezahlen
p	Druck $[Pa]$
$\dot{Q}$	Wärmestrom $[W]$
Re	Reynoldszahl $[-]$
S_0	Abstand Treibdüsen-austritt zum Mischrohr-eintritt $[m]$
$\dot{S}_{irr}$	speziffische Entropie-produktionsstrom $[J/kgs]$
T	Temperatur $[K]$
v	spezifisches Volumen $[\frac{m^3}{kg}]$
w_{diss}	dissipierte Energie $[J/kgs]$
W_t	Turbinen Arbeit $[W]$
w	Geschwindigkeit $[\frac{m}{s}]$
We	Weberzahl
x	Dampfgehalt $[-]$

Griechische Buchstaben

α	Strömungskoeffizient
η	dynamische Viskosität $[\frac{kg}{m \cdot s}]$
η_{duese}	isentropen Düsenwirkungsgrad
η_{Verd}	isentropen Wirkungsgrad des Verdichters
η_{diff}	isentropen Diffusorwirkungsgrad
η_T	isentropen Turbinen-effizienz
η_V	isentropen Verdichtungs-effizienz
θ_d	Öffnungswinkel des Diffusors
ρ	Dichte $[\frac{kg}{m^3}]$

η_m	isentropen Mischungswirkungsgrad	ψ	Massnestromverhältnis
η_{ejk}	isentropen Ejektoreffizienz	ε	Expansionskoeffizient
		σ	Oberflächenspannung $[\frac{kg}{s^2}]$

Indizes

aus	ausströmend	m	Mischströmung
ein	einströmend	min	Begrenzungszustand des Ejektorbetriebes
i	innen	p	Primärströmung
$isen$	Isentropen Zustandsänderung	s	Sekundärstromung
$krit$	kritischen Betriebsmodus des Ejektors	s	Saugdüse
		t	Treibdüse

Abkürzungen

CFD	Computational Fluid Dynamics	R125	Pentafluorethan
COP	Coefficient of Performance	R134a	Tetrafluorethan
FCKW	Vollhalogenierte Kohlenwasserstoff	R141b	Dichlorfluorethan
		R22	Chlordifluormethan
FEM	Finite Elemente Methode	R404A	Zeotrope Gemische von Kohlenwasserstoffen
GWP	Global Warming Potential		
H-FKW	Fluorkohlenwasserstoffe	R407C	Zeotrope Gemische von Kohlenwasserstoffen
HVAC	Heating, Ventilating and Air-Conditioning		
		R717	Ammoniak
IHX	Internal Heat Exchanger	R744	Kohlenstoffdioxid
IfT	Institut für Thermodynamik	TILMedia	TLK-IfT Fluid Property
IHX	Internal Heat Exchanger	TIL	TLK-IfT-Library
R12	Dichlordifluormethan	TLK	TLK-Thermo GmbH
		UN	United Nations

Untersuchung von Ejektor-Kälteanlagen beim Einsatz in tropischen Gebieten

Kurzfassung

In Folge der globalen Erwärmung sollen die bisher verwendeten umweltschädlichen Kältemittel durch umweltfreundlichere Kältemittel ersetzt werden. In tropischen Anwendungen wird bis heute noch häufig FCKW R12 oder das teilhalogenierte H-FCKW R22 eingesetzt. Neuere Anlagen setzen mittlerweile FKW R134a oder das größtenteils aus R134a bestehende FKW Gemisch R407C ein. Der Einsatz eines Ejektors anstelle der herkömmlichen Drossel ermöglicht, je nach den vorherrschenden Randbedingungen, eine Verbesserung des Gesamtwirkungsgrades von Kältekreisläufen und Wärmepumpen.

Im Rahmen der vorliegenden Arbeit werden in einem ersten Schritt mögliche Einsatzgebiete für Ejektoren in Kältekreisläufen in tropischen Gebieten untersucht und die mögliche COP-Verbesserung abgeschätzt.

In einem zweiten Schritt werden erstmalig theoretische, experimentelle und numerische Ergebnisse der Untersuchung eines CO_2-Ejektor-Kältekreislaufes für die vielversprechenden Einsatzmöglichkeit der gewerblichen Kältetechnik in tropischen Gebieten präsentiert. Die Verluste, die bei der Drosselung des Kältemittels in herkömmlichen Anlagen auftreten, sollen mit Hilfe des Ejektors reduziert werden.

Hauptziel der Untersuchungen ist es, die mögliche COP Verbesserung eines CO_2-Kältekreislaufes unter Einsatz eines Ejektors anstelle einer Drossel in tropischen Gebieten aufzuzeigen. Das untersuchte Anwendungszenario beschreibt die Kältetechnik am Beispiel von Kühlmöbeln für Normalkühlung in Recife, Brasilien. Dazu wird ein bereits vorhandener CO_2-Ejektorprüfstand für tropischen Randbedingungen angepasst. Damit soll der Prüfstand die Einstellung von Randbedingungen und Leistungen, die für tropische Gebiete relevant sind, ermöglichen. Mit Hilfe der experimentellen Untersuchungen werden erstmalig empirischen Korrelationen für das Massenstromverhältnis und für die Ejektoreffizienz in Abhängigkeit von physikalischen Parameter am Ein- und Austritt des Ejektors durchgeführt. Es werden Kreislaufsimulationen für Kühltruhen im Bereich der Normalkühlung durchgeführt und mit den Ergebnissen von herkömmlichen Kältemitteln verglichen.

Investigations of Ejector Cycles for Applications in Tropical Regions

Abstract

As a consequence of the global warming, environmentally harmful refrigerants are replaced by natural refrigerants. Nevertheless, synthetic refrigerants such as CFC-12 or H-CFC-22 are still used in tropical regions. New refrigerant units are utilizing the HFC-134a or the HFC mixture R407C, which is also consisting to a large part of R134a. The use of an ejector in place of the conventional throttle makes, the improvement of the overall efficiency of refrigerant cycles and heat pumps possible, depending on the predominating boundary conditions.

The following work presents an investigation of the possible use of ejector cycles in tropical areas and their COP improvements. Furthermore, theoretical, experimental, and numerical results of the investigation of CO_2 ejector refrigerant cycles for commercial refrigeration in tropical regions are presented.

The objective of the investigations is to point out the COP improvements of a CO_2 refrigerant cycle utilizing an ejector instead of a throttle in commercial applications in tropical regions. A refrigeration unit in Recife, Brazil, is examined as a typical application scenario. An existing CO_2 ejector test rig is adapted for tropical boundary conditions and experimental investigations. Based on the experimental results new empirical correlations for the ejector mass flow rate and its efficiency as a function of physical parameters at the inlet and the outlet of the ejector are formulated. This procedure serves to assist the understanding of the complex ejector cycle. Refrigeration cycle simulations for commercial applications in tropical regions are accomplished and compared with the results of conventional refrigerants.

Kapitel 1

Einleitung

1.1 Historische Anmerkungen: CO_2 als Kältemittel

Kohlendioxid (CO_2, als Kältemittel auch R744 genannt) ist ein 'altes' Kältemittel, das während der ersten Jahrzehnte des 20. Jahrhunderts breite Verwendung fand. Alexander Twining war der erste, der Kohlendioxid als Kältemittel in seinem britischen Patent aus dem Jahre 1850 vorschlägt [12]. Die erste CO_2-Kälteanlage wurde erst mehr als 15 Jahre später durch den Amerikaner Thaddeus S.C. Lowe gebaut, der während dieser Zeit mit Kohlendioxid als Füllung für Ballone des Militärs experimentierte. Lowe erhielt 1867 ein britisches Patent und baute die erste Eismaschine um 1869 in Jackson, Missouri. Er entwickelte seine Idee nicht weiter [26]. In Europa war es Carl Linde, der die erste Eismaschine mit Kohlendioxid als Kältemittel im Jahre 1881 baute. Franz Windhausen aus Deutschland entwickelte diese Technik weiter und erhielt 1886 das britische Patent 2864 für seinen Entwurf eines CO_2-Verdichters. Windhausens Patent wurde von dem britischen Unternehmen J. & E. Hall gekauft und weiterentwickelt. Die von Hall verkauften CO_2-Verdichter waren vor allem im Bereich der Schiffskältetechnik weit verbreitet und ersetzten die bis dahin gebräuchlichen Druckluftmaschinen. Die Schiffskältetechnik war die wichtigste Anwendung für CO_2-Kälteanlagen und wurde von diesen bis in die 60er Jahre des vergangenen Jahrhunderts dominiert.

Rechtliche Beschränkungen für den Einsatz entflammbarer und giftiger Kältemittel (wie z.B. Ammoniak (NH_3) oder Schwefeldioxid (SO_2)) ließen Kohlendioxid in Europa häufig zur einzigen Möglichkeit bei der Kältemittelwahl werden. In den USA wurde Kohlendioxid in Kälteanlagen ab etwa 1890 eingesetzt und fand ab ungefähr 1900 auch in Komfortklimaanlagen Verwendung. Als Nachteile von Kohlendioxid als Kältemittel wurden häufig der Leistungsverlust und der relativ niedrige COP [1] bei hohen Umgebungstemperaturen verglichen mit anderen Kältemitteln genannt [45]. Dies ist vor allem in warmen Gebieten ein bedeutender Nachteil von Kohlendioxid in kältetechnischen Anwendungen.

Kohlendioxid und andere natürliche Kältemittel wurden in der ersten Hälfte des vergangenen Jahrhunderts durch das neue so genannte Sicherheits-Kältemittel R12 ersetzt, das erstmals 1928 durch T. Midley und C.F. Kettering synthetisiert wurde. R12 (Dichlordifluormethan) gehört zur Gruppe der FCKWs [2], die auch unter dem Namen Freon® [3] bekannt sind. FCKWs sind nicht entzündbare und ungiftige Kältemittel mit guter chemischer Stabilität. Diese Eigenschaften begründen die gute Einsatzmöglichkeit von FCKWs in den unterschiedlichsten Anwendungen. Erst 1974 wurde entdeckt, dass das Chlor der Kältemittel, das durch Leckagen in die Atmosphäre gelangt, zur Zerstörung der schützenden Ozonschicht der Erdatmosphäre führt. Im Montreal-Protokoll (1987) führte dies schließlich zum Verbot von chlorhaltigen Stoffen.

1.2 Die Ozonabbau- und Treibhausgasproblematik

1974 veröffentlichten S. Rowland und M. Molina einen Artikel im Nature Magazine, in dem sie FCKWs für die Zerstörung der Ozonschicht verantwortlich machten. Ihre Forschungsergebnisse wurden nicht nur Grundlage für zahlreiche Gesetze und internationale Abkommen im Hinblick auf die Produktion und die Verwendung von FCKWs, sondern schafften es auch, das Ozonschichtproblem zum Gegenstand öffentlichen Interesses zu machen. Rowland und Molina erhielten 1995 zusammen mit P.J. Crutzen den Nobelpreis im Bereich Chemie für Ihre Arbeit auf dem Gebiet der atmosphärischen Chemie, insbesondere im Hinblick auf die Bildung und den Abbau von Ozon [2].

Die Klimaveränderung als eine direkte Folge der Zerstörung der Ozonschicht und des Treibhauseffektes wird als eine der größten ökologischen und ökonomischen Herausforderungen in der Geschichte der Menschheit angesehen [1]. Große Teile der Öffentlichkeit sind sich den Folgen der antropogenen Klimaveränderungen bewusst und zahlreiche Umweltschutzorganisationen kämpfen für strikte Gesetze im Hinblick auf den Einsatz von Treibhausgasen.

[1] Coefficient of Performance = Kälteleistung dividiert durch Antriebsleistung
[2] Vollhalogenierte Kohlenwasserstoff
[3] Freon® ist ein eingetragenes Warenzeichen der Firma Pont de Neumours & Company (DuPont)

Mit dem Wiener Abkommen zum Schutz der Ozonschicht [73] machten die Vereinten Nationen (UN) 1985 einen ersten Schritt zur Schaffung von internationalen Rahmenbedingungen für einen Kampf gegen die Zerstörung der Ozonschicht. Die Ausführungsbestimmungen des Abkommens wurden erst 1987 in Montreal festgelegt [72]. Das Abkommen wurde auf den Treffen in London (1990), Kopenhagen (1992), Montreal (1997) und Beijing (1999) weiter verschärft. Eine erste direkte Folge des Montreal-Abkommens war das Verbot von FCKWs ab Ende 1995. Als eine Auswirkung dieses Verbots entwickelte die chemische Industrie teilfluorierte und vollfluorierte Kohlenwasserstoffe, die so genannten HFKWs beziehungsweise FKWs. Diese Gase zerstören die Ozonschicht nicht, sind aber immer noch starke Treibhausgase mit einem relativ hohen GWP [4]. Das weit verbreitete R134a (Tetrafluorethan) hat z.B. ein GWP von 1.430.

Dem ersten Abkommen der UN folgte 1997 die Annahme des Kyoto-Protokolls [74]. Das Kyoto-Protokoll verpflichtet die entwickelten Länder, ihre Treibhausgasemissionen in den Jahren 2008-2015 um 5,2% verglichen mit den Emissionen 1990 zu vermindern. Die Europäische Union (EU) hat ein Gesetz zur Umsetzung des Kyoto-Protokolls, das die Produktion und den Einsatz fluorierter Treibhausgase reguliert, verabschiedet [1; 84]. Unter anderem sieht dieses Gesetz ein Verbot für R134a in PKW-Klimaanlagen in der EU vor, das für neue Fahrzeugtypen ab dem 1.1.2011 und für alle Neufahrzeuge ab dem 1.1.2017 gültig ist. Für den Bereich der mobilen Klimatisierung liegen viele gesicherte Daten vor. Daher soll im Folgenden die Problematik der Umweltrelevanz von Kälte- und Klimaanlagen exemplarisch dargestellt werden.

Die Emission von Kälte- und Klimaanlagen lässt sich in zwei unterschiedliche Arten unterteilen: In direkte Emissionen und in indirekte Emissionen. Als direkte Emissionen werden direkten Verluste von Kältemittel durch Leckage im Betrieb oder bei der Verschrottung der Anlage bezeichnet. Indirekte Emissionen sind die Emissionen, die durch den Antrieb der Klimaanlage freigesetzt werden. Nach Schwarz [82]entweichen aus einer Pkw-Klimaanlage pro Jahr ungefähr 8,2% des Kältemittels. Durch den Einsatz von R744 anstelle von R134a lässt sich eine deutliche Reduzierung des Treibhauspotentials dieser direkten Emission erreichen. Gegenüber den bisher verwendeten Kältemitteln bietet R744 darüber hinaus den Vorteil, dass es bei einer Wartung der Anlage oder bei der Entsorgung direkt in die Atmosphäre abgelassen werden kann. In einigen tropi-

[4]Global Warming Potential:ein Maß für die Störung des Gleichgewichts zwischen einstrahlender Solarenergie und an den Weltraum abgegebener langwelliger Strahlung eines Treibhausgases hochgerechnet auf einen bestimmten Zeitraum. Das GWP ist eine relative Skala, die das betreffende Gas mit der gleichen Masse Kohlendioxid (GWP=1) vergleicht.

schen Gebieten wird dieses auch mit den derzeitig eingesetzten Kältemittel praktiziert, wodurch die direkten Emissionen deutlich erhöht werden.

Als indirekte Emission bezeichnet man bei Kälte- und Klimaanlagen die CO_2-Emissionen, die durch die Bereitstellung der notwendigen Antriebsenergie entstehen. Zurzeit besitzen CO_2-Klimaanlagen etwa die gleiche Energieeffizienz wie die derzeitig eingesetzten R134a-Klimaanlagen. D.h., die indirekten Emissionen beider Systeme sind etwa gleich groß.

Im Hinblick auf die neue gesetzliche Situation hat die Industrie mit der Suche nach neuen langfristigen Alternativen für die bisher verwendeten Kältemittel begonnen. In mobilen Anwendungen wird heute normalerweise R134a verwendet. In stationären Anwendungen wird in tropischen Gebieten bis heute häufig R12 oder R22 eingesetzt. Neuere Anlagen verwenden R134a oder das größtenteils aus R134a bestehende Kältemittelgemisch R407C. Insbesondere das Interesse an ökologisch sicheren, natürlichen Kältemitteln (z.B. Kohlenwasserstoffe, Ammoniak und Kohlendioxid) ist wieder deutlich angestiegen [45].

Zusätzlich zu den mobilen Klimaanlagen sind in tropischen Gebieten auch nahe zu alle Häuser klimatisiert. In Privathäusern und kleineren Bürohäusern werden größtenteils die Zimmer einzeln mit kleinen Klimaanlagen an den Fenstern gekühlt. Große Gebäudekomplexe (z.B. Hotels, Einkaufszentren, Schulen) können mit einer zentralen Klimaanlage gekühlt werden. Auch im Bereich der Gebäudeklimatisierung und Gewerbekältetechnik ist der Einsatz umweltfreundlicher Kältemittel gegenüber dem bisher verwendeten Kältemitteln wünschenswert.

Die größte Herausforderung beim Umstieg auf das natürliche Kältemittel Kohlendioxid in tropischen Gebieten ist die relativ niedrige Effizienz, die CO_2 Kältekreisläufe in warmen Gebieten im Vergleich mit herkömmlichen Kältekreisläufen aufweisen. Der Umstieg kann nur gelingen, wenn konkurrenzfähige, energiesparende Anlagenkonzepte eingesetzt werden. Einen möglichen Ansatzpunkt hierfür bieten Ejektor-Kreisläufe. Durch den Einsatz eines Ejektors lassen sich für CO_2-Kreisläufe höhere Effizienzsteigerungen erreichen als für solche, die mit R134a betrieben werden, für CO_2 scheinen COP-Verbesserungen von 20% und mehr durchaus realistisch. Die indirekten Emissionen einer CO_2-Klimaanlage könnten daher gegenüber denen einer R134a-Klimaanlage insbesondere bei hohen Umgebungstemperaturen deutlich gesenkt werden.

1.3 Hinführung zum Thema

Es ist allgemein bekannt, dass beim Einsatz von Kohlendioxid (R744) als Kältemittel im Vergleich zu anderen Kältemitteln wie R134a aufgrund der großen Druckdifferenz ($p_{Gaskuehler}^{Austritt} - p_{Verdampfer}^{Eintritt}$) üblicherweise hohe Drosselverluste auftreten, die durch die vollständige Dissipation der kinetischen Energie des beschleunigten Kältemittels mit der Geschwindigkeit 'w' und der Dichte 'ρ' verursacht werden. Durch geeignete Expansionsorgane wie z.B. einen Ejektor können diese Drosselverluste reduziert werden.

Aufgrund der höheren Umgebungstemperatur in tropischen Gebieten ergibt sich eine höhere Gaskühler Austrittstemperatur (Punkt 3* in Abbildung 1.1). Diese führt zu einem größeren Drosselverlust 'Δh', da die Steigung der Isentropen mit zunehmender Enthalpie kleiner wird. Deswegen ist die Nutzung eines Ejektors anstelle einer Drossel in Fall von höheren Umgebungstemperaturen sehr sinnvoll.

Die bei der Drosselung durchlaufenen Zustandsänderungen sind in Abbildung 1.1 in einem p,h-Diagramm dargestellt.

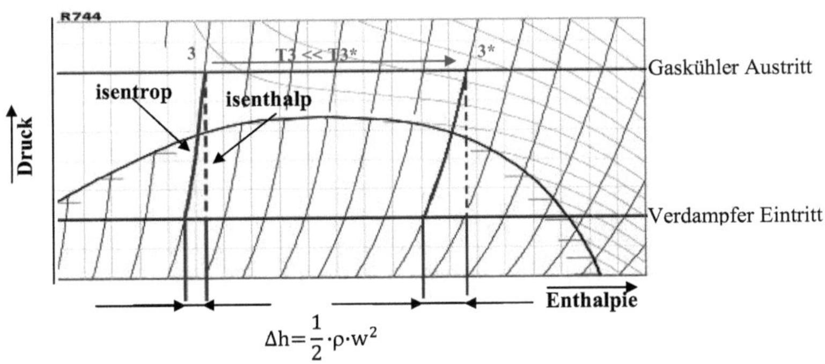

Abbildung 1.1: Vergleich isenthalpe und isentrope Drosselung bei hohen Umgebungstemperaturen (w= Geschwindigkeit; ρ=Dichte)

Abbildung 1.2 zeigt ein schematisches Diagramm eines CO_2-Kältekreislaufes mit Zwei-Phasen-Ejektor. Von 1 nach 2 wird gasförmiges Kohlendioxid verdichtet und erwärmt sich dabei. Das Kohlendioxid wird nach der Verdichtung mit Umgebungsluft im Gaskühler abgekühlt (bis zum Punkt 3). Der Ejektor ersetzt das in herkömmlichen Kältekreisläufen verwendete Expansionsventil.

Abbildung 1.3 zeigt einen solchen Ejektor schematisch im Querschnitt. Das aus dem Gaskühler kommende Kohlendioxid wird in der Treibdüse bis zum Punkt 4 entspannt und beschleunigt. Der Druck in Punkt 4 ist dabei niedriger als der Druck

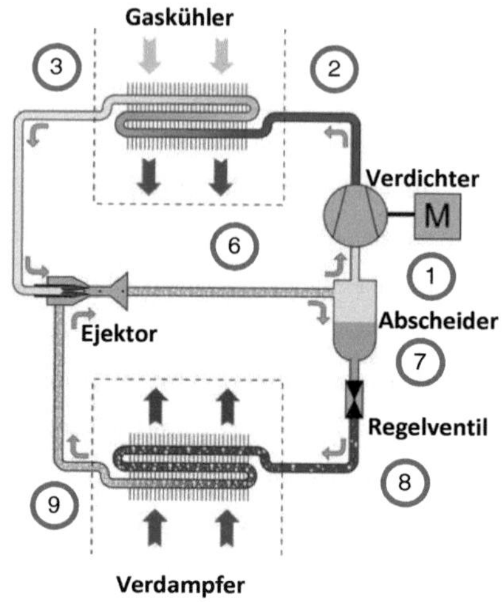

Abbildung 1.2: Schematische Darstellung eines CO_2-Kältekreislaufes mit Zwei-Phasen-Ejektor

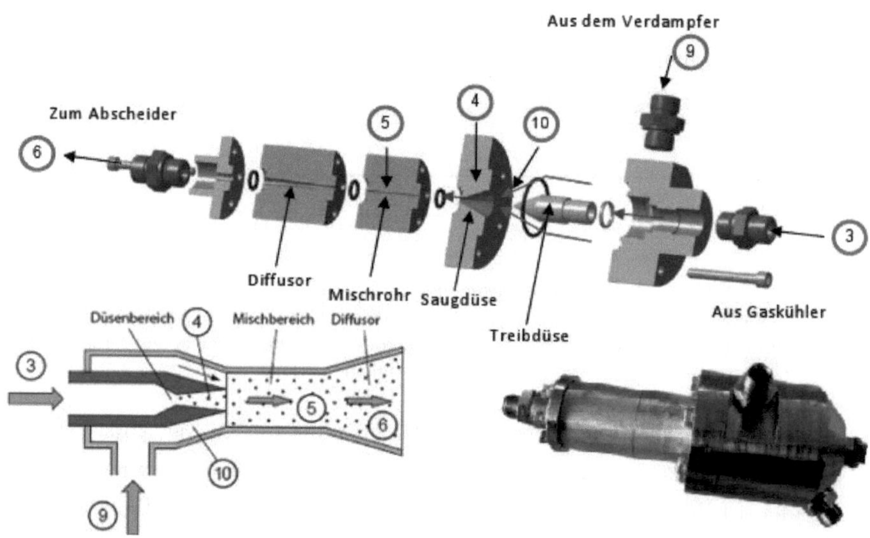

Abbildung 1.3: Schematischer Querschnitt durch einen Ejektor, der am IfT entwickelt wurde

am Ausgang des Verdampfers (Punkt 9) [87]. Getrieben von diesem Unterdruck wird durch die Saugdüse Kohlendioxid angesaugt (Punkt 10), das sich im Mischbereich mit dem Primärstrahl mischt. Die Geschwindigkeit im Mischbereich (Punkt 5) kann im Überschallbereich liegen. Im Diffusor wird die Strömung verdichtet und dabei die Geschwindigkeit bis zum Punkt 6 reduziert. Der so erzielte Druckrückgewinn (Differenz zwischen Verdichteransaugdruck, Punkt 1 und Verdampferaustrittsdruck Punkt 9) verkleinert das Druckverhältnis, das der Verdichter zu überwinden hat und reduziert so die benötigte Verdichterantriebsleistung.

Das den Ejektor in Punkt 6 verlassende Kohlendioxid fließt in einen Abscheider bzw. Separator, der den in herkömmlichen Kältekreisläufen verwendeten Sammler ersetzt. Der Abscheider ist neben dem Ejektor selbst das kritischste Bauteil in einem Ejektor-Kältekreislauf. Der Wirkungsgrad des Abscheiders beeinflusst den Gesamtwirkungsgrad des Kreislaufes erheblich. Der Abscheider verfügt über zwei Auslässe: Von dem Auslass in Punkt 1 wird gasförmiges Kohlendioxid von dem Verdichter angesaugt. Vom Auslass in Punkt 7 wird flüssiges Kohlendioxid weiter gedrosselt und dem Verdampfer zugeführt. Im Vergleich zum herkömmlichen Kältekreislauf ist der Dampfgehalt am Verdampfereingang in einem Ejektor-Kältekreislauf niedriger. Dies bewirkt einen verbesserten Wärmeübergang und beeinflusst zusätzlich den Gesamtwirkungsgrad positiv. Abbildung 1.4 zeigt den CO_2-Kältekreislauf mit Zwei-Phasen-Ejektor in einem log(p),h-Diagramm.

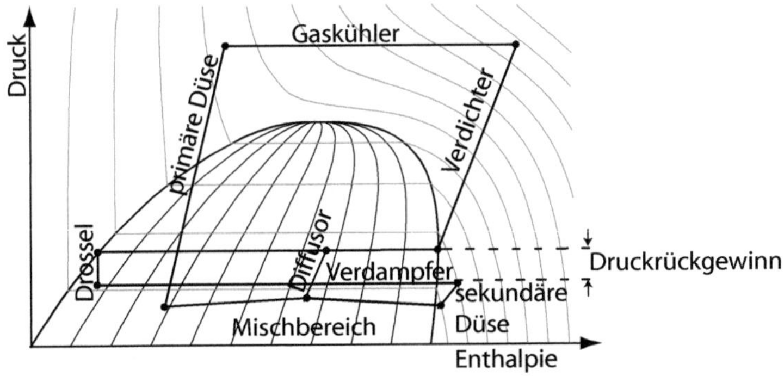

Abbildung 1.4: log(p),h-Diagramm eines CO_2-Kältekreislaufes mit Zwei-Phasen-Ejektor

Der Einsatz eines Ejektors als Drosselorgan ist vielversprechend, da er im Vergleich zu anderen Expansionsorganen keine mechanisch beweglichen Teile besitzt, einfach aufgebaut ist und im Betrieb nur geringfügig verschleißt. Derzeit werden auf diesem Gebiet viele Untersuchungen durchgeführt, z.B. von Nakagawa [65], Groll [56], Elbel

[34] und Drescher [28]. Eine weitere umfassende Literaturdiskussion folgt in Kapitel 3.1. Beim Aufbau von Ejektor-Kältekreisläufen gibt es noch zwei Hauptschwierigkeiten, die überwunden werden müssen. Die erste Schwierigkeit ist, dass der Ejektor für einen Arbeitspunkt ausgelegt ist. Es gibt verschiedene Vorschläge zum Aufbau eines regelbaren Ejektors, der einen optimierten Betrieb für verschiedene Arbeitspunkte erlaubt. Es wird jedoch noch weitere Forschung erfordern, um dieses Ziel zu erreichen. Die zweite Schwierigkeit besteht darin, dass die zweiphasig Strömungsvorgänge sehr schwierig zu beschreiben sind und zum großen Teil noch nicht verstanden sind. Um einen Ejektor noch weiter verbessern zu können, ist es erforderlich diese grundlegenden Strömungsphänomene besser zu verstehen.

Für den Einsatz von Ejektoren in tropischen Gebieten und in der Gewerbekältetechnik gibt es bisher keine Untersuchungen. Insbesondere hier verspricht der Einsatz eines Ejektors bei Anwendungen mit hohen Differenzen zwischen Hochdruck und Niederdruck eine deutliche Verbesserung des Gesamtwirkungsgrades. Ebenso eröffnet der Einsatz von Expansionsmaschinen in der aktuellen Anwendung der Supermarkt-CO_2-Kältetechnik große potenzielle Effizienzverbesserungsmöglichkeiten [78].

1.4 Ziel der Arbeit und Vorgehensweise

Ziel der Arbeit ist es, vielversprechende Einsatzmöglichkeiten für Ejektor-Kältekreisläufe insbesondere mit dem Kältemittel CO_2 in tropischen Gebieten zu identifizieren und theoretisch und experimentell zu untersuchen. Durch den Einsatz von Ejektoren ist eine deutliche COP-Verbesserung und damit ein geringerer Energieverbrauch für derartige Anlagen zu erwarten. Daneben kann die Emission umweltschädlicher FCKWs und HFKWs/FKWs reduziert werden. Um dieses Ziel zu erreichen werden in der vorliegenden Arbeit die folgenden Punkte bearbeitet:

- Identifizierung möglicher Einsatzgebiete von CO_2-Ejektor-Kreisläufe
- Bestimmung des Potentials der COP-Verbesserung bei CO_2-Ejektor Kältekreisläufe in tropischen Gebieten mit Hilfe eines einfachen Modells
- Umfangreiche Literaturübersicht zum Thema Ejektor-Kältekreisläufe
- Experimentelle Untersuchungen eines CO_2-Ejektor-Kältekreislaufes, insbesondere hinsichtlich der Ejektor-Gesamteffizienz.

- Entwicklung einer detaillierten Modellierung für Ejektor-Kältekreisläufen.
- Vergleich von Ejektor-Kältekreisläufen mit verschiedenen Kältemitteln, insbesondere CO_2.

1.5 Gliederung der Arbeit

Diese Arbeit ist in sechs Kapiteln gegliedert.

In Kapitel 2 werden die unterschiedlichen Einsatzgebiet (stationäre und mobile Anwendung) von Ejektor-Kältekreisläufen in tropischen Gebieten im Hinblick auf die dort vorherrschenden Randbedingungen und weiteren Aspekte identifiziert und untersucht.

Kapitel 3 umfasst die Charakterisierung von theoretischen Untersuchung von Zwei-Phasen-Ejektoren.

Kapitel 4 beschreibt den experimentellen Teil dieser Arbeit. Ein vorhandener Prüfstand für Untersuchungen unter tropische Randbedingungen wurde angepasst. Die Messergebnisse werden in dem Kapitel präsentiert. Anschließend wird eine Diskussion über den Einfluß der physikalischen Parameter für die Ejektoreffizienz durchgeführt.

Aufgrund des bedeutenden Einfluss´ des Treibstroms auf die Ejektoreffizienz wird in Kapitel 5 die Strömung in der Treibdüse mit Hilfe von CFD-Simulationen untersucht. Zuletzt werden die Simulationsergebnisse mit Messdaten verglichen.

In Kapitel 6 wird den Vergleich zwischen Ejektor-Kältekreisläufen mit verschiedenen Kältemitteln, insbesondere CO_2 im Einsatz unter tropischen Randbedingungen präsentiert.

Kapitel 2

Identifizierung möglicher Einsatzgebiete

Es gilt, die unterschiedlichen Einsatzgebiet (stationäre und mobile Anwendung) von Ejektor-Kältekreisläufen in tropischen Gebieten im Hinblick auf die dort vorherrschenden Randbedingungen und weiteren Aspekte zu identifizieren und zu untersuchen. Die ganzjährig hohen Umgebungstemperaturen und die hohen Luftfeuchtigkeiten stellen dabei besondere Anforderungen an die verwendeten Klima- und Kälteanlagen. Es werden typische Klima-Szenarien definiert, die für die spätere Bewertung benötigt werden. Die Identifizierung möglicher Einsatzgebiet von CO_2-Ejektorkreisläufen hängt von vielen verschiedenen Faktoren ab. Die wichtigsten werden im Rahmen dieser Arbeit diskutiert.

2.1 Klima-Szenarien

In der Literatur lassen sich viele verschiedene Definitionen von Klimatypen oder Klimaregionen der Erde finden. Die einfachste Klassifikation ist die nach jenen Solarzonen, die in der Abbildung 2.1 dargestellt sind [15].

Um das Klima-Szenario von tropischen Gebieten besser identifizieren zu können, wurde hier das Neef [39] Modell gewählt, das auf genetischen Klimaklassifikationen basiert. Das heißt, dass ein Ort anhand seiner Lage in einem bestimmten Windgürtel einer Klimazone zugeordnet wird, wobei die Unterschiede, die sich aus der Kontinentalität ergeben, sowie die Niederschlagsunterschiede zwischen Ost- und Westseiten berücksichtigt werden. Die Abbildung 2.2 zeigt die Klimakarte nach Neef.

Die tropischen Gebiete wurden von Neef in zwei Zonen geteilt:

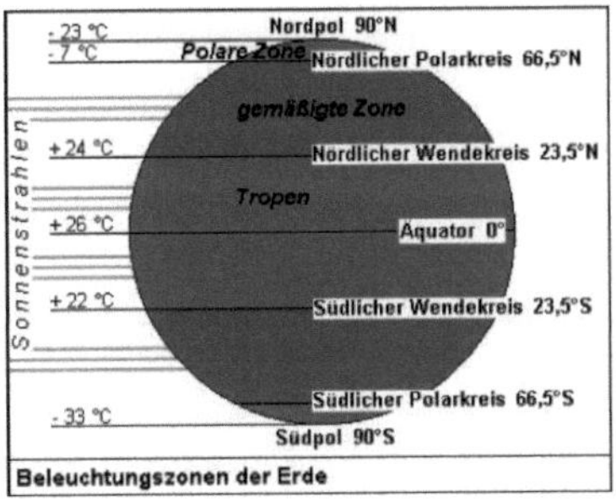

Abbildung 2.1: Solarzonen Klassifikation [15]

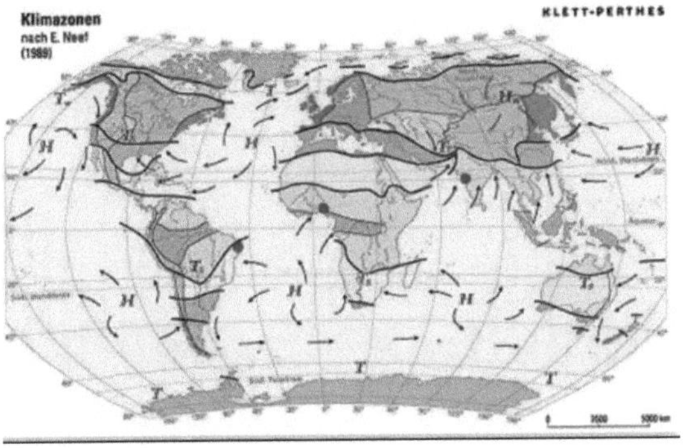

Abbildung 2.2: Erdklimakarte nach Neef [39]

1. Zone des Tropischen Wechselklimas - Sommer: Innertropische Konvergenzzone, Winter: Passatwinde. Das ganze Jahr mit hohen Temperaturen, mit zwei Temperaturmaxima. Regenzeit im Sommer und Trockenzeit im Winter

2. Äquatoriale Klimazone - Innertropische Konvergenzzone. Das ganze Jahr mit hohen Temperaturen und kaum Schwankungen. Regenzeit im ganzen Jahr, im Frühjahr und Herbst erhöhten Niederschlägen

Um die Randbedingungen für tropische Gebiete gut abschätzen zu können, wurde eine Datenerhebung von typischen Temperaturen in drei verschiedenen tropischen Ländern durchgeführt [70]: Recife im Nordosten von Brasilien, Südamerika, Zone des Tropischen Wechselklimas; Bombay an der westlichen Küste Indiens, Zone des Tropischen Wechselklimas und in Douala, das südwestlich von Cameron und damit in der äquatorialen Klimazone liegt. Die Umgebungstemperaturen werden später sehr hilfreich sein, um den Kälteleistungsbedarf berechnen zu können und damit die Auslegungspunkte bestimmen zu können.

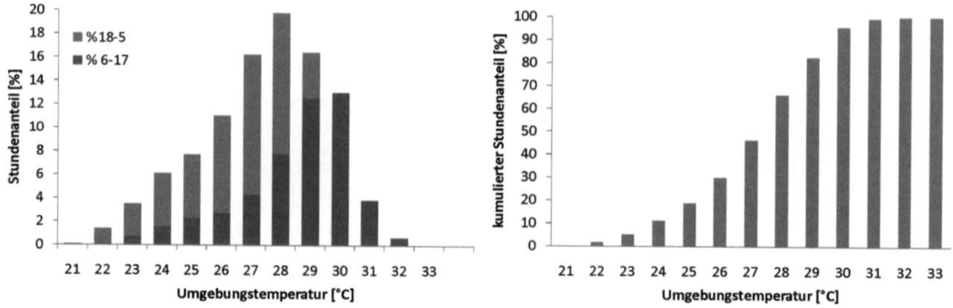

Abbildung 2.3: Stündliche Mittelwerte-Temperaturen des Jahres 2003 in Recife, Brasilien

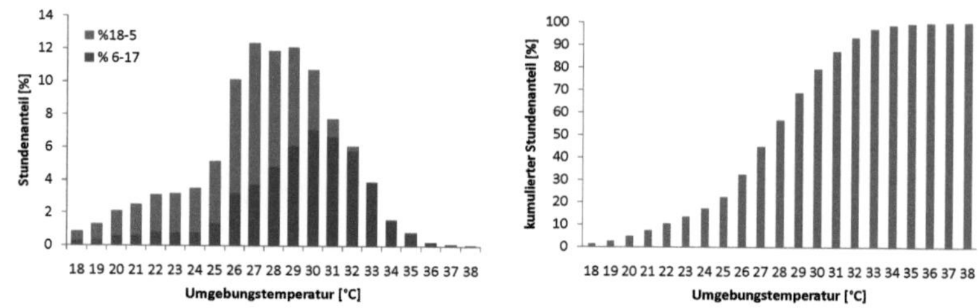

Abbildung 2.4: Stündliche Mittelwerte-Temperaturen des Jahres 2005 in Bombay, Indien

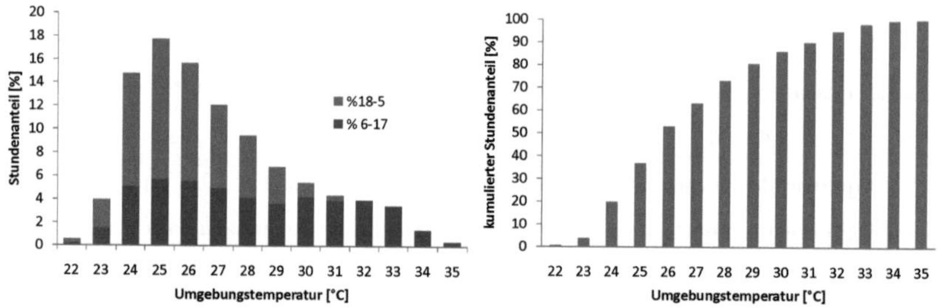

Abbildung 2.5: Stündliche Mittelwerte-Temperaturen des Jahres 2005 in Daolo, Cameron

Die Ergebnisse zeigen, dass die Lufttemperatur in diesen Regionen, in einem sehr kleinen Bereich schwankt, mit einem Temperaturunterschied zwischen den Minimalwerten im Winter und Maximalwerten im Sommer von höchstens 15 °C. Die meiste Zeit bleiben die Umgebungstemperaturen zwischen 20 und 35 °C.

2.2 Mögliche COP-Verbesserung

Als Grundlage für eine erste Untersuchung der möglichen COP-Verbesserung durch die Anwendung eines Ejektors anstelle einer Drossel wurde ein Modell in der Simulationssprache Modelica sowie in die vorhandenen Modellbibliotheken weiterentwickelt [75].

Für typische tropische Umgebungsrandbedingungen von 20 bis zu 40°C und Verdichterdrücken von 60 bis 105 bar wurden COP Berechnungen durchgeführt. Die Ergebnisse für jede Temperatur, die die optimale COP erbrachte, wurden für den Vergleich der zwei Kreisläufe gewählt.

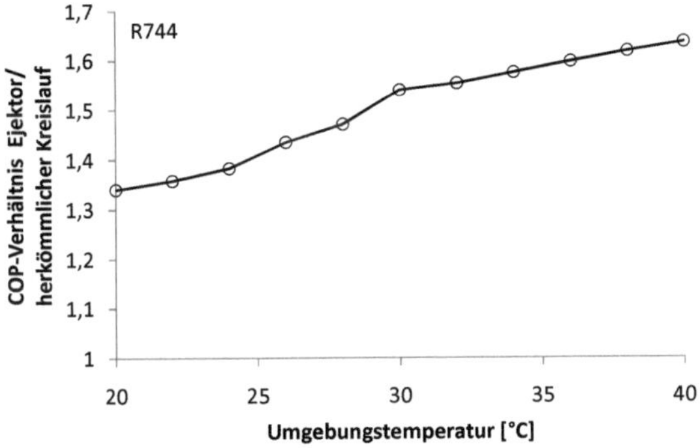

Abbildung 2.6: Vergleich der COP des herkömmlichen- und eines Ejektor-Kreislaufs

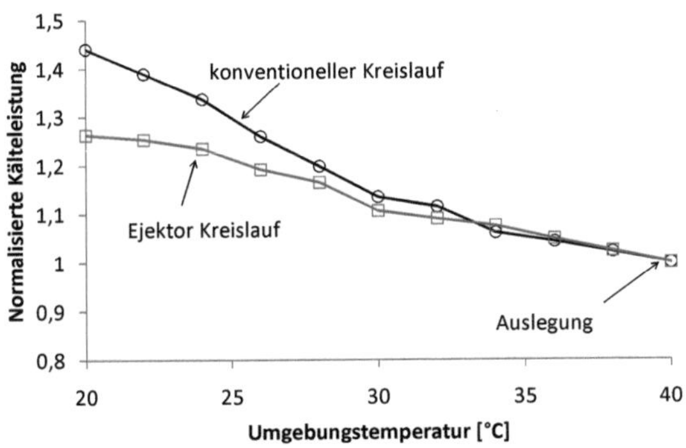

Abbildung 2.7: Vergleich der normalisierten Kälteleistungen eines herkömmlichen- und eines Ejektor-Kreislaufs

Abbildung 2.6 zeigt einen Vergleich des COP der zwei Kreisläufe. Die Effizienz des idealen Ejektorskreises ist offenbar besser als die Effizienz des herkömmlichen Kreises für alle Betriebsbedingungen. Jedoch sollte man in Erinnerung behalten, dass ideale Arbeitsbedingungen angenommen wurden und dass Abbildung 2.6 nicht die erwartete Verbesserung in der COP für einen realen Zyklus darstellt. Jedoch zeigt es das Potential des Ejektorkreislaufs. Abbildung 2.7 zeigt, dass die Kälteleistung des herkömmlichen Kreislaufs für die hohen Umgebungstemperaturen wegen der Verluste im Drosselungsprozess drastisch sinkt. Der CO_2-Ejektorkreislauf kann etwas von dieser verlorenen Energie wiedergewinnen. Der analysierte Ejektorkreislauf verwendet keinen internen Wärmeübertrager, der die Effizienz in einigen Regionen stark verbessern könnte.

2.3 Einsatz in tropischen Gebieten

Die meisten tropischen Länder haben eine ähnliche wirtschaftliche Situation und wurden in den meisten Fällen als Entwicklungsländer klassifiziert. Damit gibt es ein großes Steigerungspotential von Treibhausgasemissionen durch Industrialisierungsprozesse. Das Montreal Protokoll hat die Regionen der Erde in fünf Blöcke eingeteilt, wobei die meisten tropischen Ländern in den folgenden zwei Blöcken liegen: Latein Amerika/Karibik und Afrika/Indischer Ozean. In diesen Ländern sind die Anlagekosten von größere Interesse als die Betriebskosten. Aufgrund von politischen und wirtschaftlichen Instabilitäten, von Kapitalmangel und fehlenden wirtschaftlichen Möglichkeiten, importieren die meisten Länder wichtige technische Industriegüter.

Auch im politischen Bereich kann die Klassifizierung aus dem Montreal Protokoll verwenden werden. Obwohl die meisten tropischen Länder das Montreal Protokoll unterschrieben haben und deswegen ein steigendes Interesse am Klimaschutz haben, fanden die meisten Gesetzesänderungen nur im Bereich der Verringerung von ozonschädlichen Stoffen statt. Eine Ausnahme bildet Brasilien, das auch das Kyoto Protokoll unterzeichnet hat und deswegen ebenfalls an der Verwendung klimaneutraler Treibhausgase interessiert ist.

Der Stand der Technik für Kompressions-Kälteanlagen und Wärmepumpen für verschiedene mobile und stationäre Anwendungen in den Tropen bzw. die Abschätzung der Einsatzmöglichkeiten von Ejektorkreisläufen durch theoretische Untersuchung mit Hilfe von Daten aus der Literatur [63] wurde in der Tabelle 2.1 und 2.2 zusammengefasst. Die alternativen Technologien, wie Absorptions-/ Adsorptions- Anlagen oder Technologien, die mit Hilfe von erneuerbaren Energie angetrieben werden, wurden hier nicht erwähnt, weil diese noch nicht weit genug entwickelt sind.

Bei der Verwendung von Ejektorkreisläufen wurden zunächst die mobilen und stationären Anwendungen miteinander verglichen. Da die Ejektorauslegung und Regelung für den mobilen Einsatz wegen großer Umgebungstemperaturschwankungen sehr kompliziert sind, wurden im Rahmen dieser Arbeit die stationären Anwendungen gewählt. Ein anderer sehr wichtiger Aspekt ist die Größe der Anlage. Obwohl die CO_2 Anlagen selbst kompakter als die Herkömmlichen sind, hat der CO_2-Ejektorkreislauf zwei neue Komponenten (Ejektor und Abscheider).

Der letzte Schwerpunkt der Arbeit wurde dann auf die Erkundung der Möglichkeiten zur maximalen Reduktion von Treibhausgasemissionen gesetzt. Wie an den Tabellen 2.1 und 2.2 zu sehen ist, liegt die größte Verantwortung an Emissionen der Treibhausgase, außer bei der mobilen Klimatisierung, bei der Anwendung in der Kältetechnik zur Tief- und Normal-Kühlung im Handel bzw. Supermarkt. Deswegen wurde die Entscheidung getroffen, sich in der Arbeit mit der Kältetechnik bzw. Kühltruhen in Supermärkten zu beschäftigen. Außerdem ist es auffällig, dass die meisten Supermarktkühlanlagen in tropischen Ländern noch R22 nutzen, da bis jetzt bei hohen Umgebungstemperaturen kein Ersatzkältemittel gefunden wurde. Die aktuelle Anwendung von Supermarkt-CO_2-Kältetechnik zeigt auch große potenzielle Effizienzverbesserungsmöglichkeiten durch den Einsatz von Expansionsmaschinen [78].

2.4 Anwendungsszenario: Gewerbliche Kälteanlagen

Die gewerbliche Kältetechnik gehört zur Nahrungsmittelkette und kann definiert werden als jedes System, das für die Beistellung und Lagerung von gekühlten Lebensmitteln, entweder in gekühlten Räumen oder in den Kühlmöbeln, mit dem Ziel an Kunden zu verkaufen, verantwortlich sind. Anders gesagt umfasst die gewerbliche Kältetechnik alle Kältesysteme, die in Supermärkten, Convenience- Läden, Tankstellen-Shops oder in Kiosken zu finden sind.

Weltweit ist die gewerbliche Kältetechnik der Kühlungssubsektor mit den größten Kältemittelemissionen, die als CO_2-Äquivalente berechnet werden [63]. Diese stellen ungefähr 40% der gesamten jährlichen Kältemittelemissionen dar. Andere Schätzungen [69; 68] ergeben eine jährliche Leckrate, welche mehr als 30% der Kältemittelfüllung des Systems darstellt. Abhängig von der Größe des Supermarktes, stellt der Energie-

Tabelle 2.1: GWP (Mt CO_2-eq yr^{-1}) verschiedener Klimanlagen für mobile und stationäre Anwendungen [63]

		Typen	Stand der Technik: Anwendungsszenario	Stand der Technik: Anlagen	Stand der Technik: Kältemittel	Arbeits-temperatur	Kältemittel Bedarf	Kälteleistung	GWP
Klimatechnik	Stationär	Privat-haushalt	kleine Zimmer kleinen Büros	kompakte Kompressions-anlagen	R22 R134a	5 bis 18°C	$\sim 0,25\frac{kg}{kW}$ von Kälteleistung	2 bis 10,5kW 2,2 bis >28kW	271
		Handel	Einkaufszentren Hotels Schulen Krankenhäuser	Zentrale Anlagen Flüssigkeitskühler Axial- und Radial-Verdichter Wärmepumpen	R22 R11 R12 R134a R404A	5 bis 18°C Kondensator Austritts-temperatur bei ∼ 60°C	$\sim 0,3\frac{kg}{kW}$ von Kälteleistung	7 bis 30kW 0,2 bis 3kW	
	Mobil	Pkw	Fahrzeug Kabine Klimatisierung	direkten hermetischen Dampf- Kompressions-Maschinen	R12 R134a	0 bis 18°C	∼ 50% größer als bei R134a 500 bis 900g	Verdichters-Arbeit von 0,4 bis 3,4kW	749
		Nutz-fahrzeug	Lkw Kabine Klimatisierung	direkten/indirekten hermetischen Dampf-Kompressions-Maschinen	R12 R134a R22	0 bis 18°C	$\sim 5kg$ 1kg bis >1 Tonne 1 bis 20kg 10 bis 20kg	$\sim 50kW$ 5 bis 1400 kW 2 bis 30kW 10 bis 30kW	
		Schiffen	Raum Klimatisierung	Kompressionsanlagen Zentralanlagen	R12 R134a	0 bis 18°C			
		Flugzeug	Flugzeug Kabine Klimatisierung	Kompressionsanlagen	R12,R22 R134a	0 bis 18°C			
		Bus	Bus Kabine Klimatisierung	Kompressionsanlagen	R12,R22 R134a	0 bis 18°C			
		Zug	Zug Kabine Klimatisierung	Kompressionsanlagen	R12,R22 R134a	0 bis 18°C			

Tabelle 2.2: GWP (Mt CO_2-eq yr^{-1}) verschiedener Kälteanlagen für mobile und stationäre Anwendungen [63]

		Typen	Stand der Technik			Arbeits-temperatur	Kältemittel Bedarf	Kälteleistung	GWP
			Anwendungsszenario	Anlagen	Kältemittel				
Kältetechnik	Stationär	Privat-haushalt	Kühlschrank und Eiserzeuger für Lebensmittel-lagerung im Wohnhaus/ kleine Büros	hermetischen Dampf-Kompressions-Maschinen	R12 R134a	-15 bis 5°C	50 bis 250g	60 bis 250W	91
		Handel	Regale/Insel Kühler gefrorenes Essen und Eis Raum-Kühler ganze Supermarkt Systeme	integrierte hermetische Kompressionsmaschinen Kondensationsanlagen direkt/indirektkühlung zentralisierte oder nicht	R22,R12 R502 R134a R404A	-12 bis 18°C -15 bis 5°C -40 bis -30°C	0,5 bis 2kg 1 bis 15kg 100 bis 200kg 20 bis 500kg	0,2 bis 3kW 2 bis 30kW 20 bis $> 1000kW$	837
		Industrie	Nahrungsmittel-industrie Kühlhalle chemische Industrie technischen Prozessen Kryogen	direkte hermetische Kompressionsmaschinen Verflüssigungs-systeme zentralisierte oder nicht	R22,R12 R502 R134a R507A R404A	-1 bis 10°C -15 bis 30°C -50 bis -35°C -70 bis 15°C	Global Jährliches Verbrauch (ktonn/Jahr) CFC_s=12 $HCFC_s$=28 HFC_s=5	0,25 bis 1MW 0,25 bis 30MW	110
	Mobil	Transport	Transport von abgekühlten und gefrorenen Essen Porthole-Container Integral Unit Seetransport und Fischerei Autostraße Bahn Flugtransport	direkten hermetischen Dampf- Kompressions-Maschinen Flüssigkeitskühler elektrische Verdichter	R134a R410A R22	-16 bis 30°C	$\sim$ 5kg 1kg bis >1 Tonne 1 bis 20kg 10 bis 20kg	$\sim$ 5kW 5 bis 1400kW 2 bis 30kW 10 bis 30kW	22

verbrauch der Kälteanlage 35% bis 50% des Gesamtenergieverbrauchs dar [59]. Dieser Anteil hängt von einer Reihe von mehreren Faktoren ab (Beleuchtung, Klimaanlage, etc.).

Zurzeit werden normalerweise teilhalogenierte Fluorkohlenwasserstoffe (H-FKWs) in den steckerfertigen Kältemaschinen der gewerblichen Kälteanwendungen eingesetzt, aber der Einsatz von Kohlenwasserstoffen (KW) und R744 nimmt langsam zu, besonders in den nordeuropäischen Ländern und in Japan. Die Anwendung von H-FCKW-22 (Tropenländer) und R404A (Europa) herrscht in den neuen Supermarktsystemen vor [42]. In den nordeuropäischen Ländern werden KWs und Ammoniak (R717) benutzt, manchmal auch R744 als Kältemittel im Niedrigtemperaturkreis der Kaskadenkühlanlagen [71]. Seit 2005 wurden circa 4000 Getränkeautomaten mit R744 als Kältemittel installiert (1000 für die Olympischen Spiele 2006 in Peking). Im September 2009 kündigte die Firma SANYO die Entwicklung des ersten japanischen Tiefkühlschranks mit CO_2 als Kältemittel an. Die neuen Tiefkühlschränke mit CO_2 sind schon in Supermärkten der Gruppe Maxvalu in Japan in Betrieb und verbrauchen im Vergleich mit herkömmlichen R404A Kühlsystemen bis zu 10% weniger Energie [81].

2.4.1 Gewerbliche Kältetechnik

Es gibt hauptsächlich drei Arten von Kältemaschinen in der gewerblichen Kältetechnik: steckerfertige Kühlmöbel mit eingebauter Kältemaschine ´Stand-alone´, Kühlmöbel mit getrennt aufgestellter Kältemaschine ´Condensing Units´ und volle Supermarktsysteme [63]. Die vollen Supermarktsysteme, normalerweise zentrale Systeme, können weltweit in ungefähr 120.000 Supermärkten gefunden werden und stellen eine große Auswahl der Kälteleistung abhängig von der Größe des Supermarktes dar. Die Kältemaschine ist normalerweise in Maschinenräume untergebracht, von welchen das Kühlmittel zu den einzelnen Möbeln in den Verkaufsbereichen geleitet wird. Es existiert eine überwältigende Anzahl von verschiedenen Systemkonfigurationen mit einer verwirrenden Anzahl von Vergleichen miteinander. Ein optimales System für die Anwendung in den tropischen Regionen ist deswegen sehr schwierig festzustellen. Im Allgemeinen können die Systeme in direkte und indirekte Kühlung unterteilt werden. Direkte Kühlung benutzt Direktexpansionsverdampfung ohne Hilfe eines Kälteträgers mit dem Ergebnis eines verhältnismäßig niedrigen Energieverbrauchs aber der normalerweise relativ hohen direkten Emissionen und einem hohen Druckabfall wegen der langen

Rohrleitung. Indirekte Systeme benutzen einen flüssigen Kälteträger für die Kälteverteilung. Sie zeigen niedrige direkte Emissionen aber verbrauchen normalerweise mehr Energie wegen der zusätzlich erforderlichen Pumpen für die Verteilung des Kühlmittels. 'Condensing Units' sind normalerweise am Aufstellungsort angebracht. Jede ´Condensing Unit´ wird nur an eine beschränkte Anzahl Verdampfer angeschlossen. Die Verflüssigung oder Kühlung des Kältemittels erfolgt nicht im Raum sondern im Freien, meistens mit luftgekühlten Verflüssigern auf dem Dach mit Hilfe von Axialventilatoren. Die Zahl der Maßeinheiten, die global gebräuchlich sind, wird auf 2.5 Million geschätzt [63]. ´Stand-alone´ Maschinen unterscheiden sich zum Beispiel hinsichtlich der Ausrüstung, der Verkaufsautomaten und der Eismaschinen. Da die Kondensatoren in die Möbel integriert aufgebaut sind, wird die Wärmeabgabe im Raum erfolgen, meistens mit luftgekühlten Verflüssigern mit Hilfe von Axialventilatoren. Der große Vorteil von steckerfertigen Maschinen liegt in der Einfachheit des Systems. 10 bis 12 Million dieser Geräte werden global verwendet [50].

Normalerweise arbeiten die Kühl- und Gefriergeräte hauptsächlich mit zwei Temperaturniveaus: die mittlere Temperatur- ´Normal Kühlung´- für die Konservierung von frischem Essen und gekühlten Getränke, 1°C bis 14°C (Verdampfungstemperatur von -15°C bis +1°C) und die tiefe Temperatur -´Tief Kühlung´ - für die tiefgefrorene Essenserhaltung, -12°C bis -18°C und für Eiskrem -18°C bis -28°C (Verdampfungstemperatur von -35°C bis -40°C).

2.4.2 Situation der gewerblichen Kältetechnik in Brasilien

Brasilien wird als typisches Beispiel für tropische Anwendungen in der gewerblichen Kältetechnik ausgewählt. Wie vorher erwähnt, sind die meisten Kälteanlagen in Brasilien direkte Systeme unter Verwendung von R22 als Kältemittel. Einige ältere Systeme verwenden noch R11 und R12. R404A kann in ein paar neueren Systemen gefunden werden. Im Jahr 2005 betrug die Anzahl der Lebensmittelgeschäfte in Brasilien 378.530 wovon 309.954 auf den traditionellen Einzelverkauf und 68.575 auf den Bereich der Selbstbedienung (davon sind 35.438 kleine Geschäfte, 33.000 Supermärkte und 137 Hypermärkte) entfallen. Abbildung 2.8 zeigt die Verteilung der Selbstbedienungs-Geschäfte pro Zahl der Kassen. Die Zahl der steckerfertigen Kälteanlagen pro Laden liegt durchschnittlich bei 8 und circa 5% der Läden sind klimatisiert [64]. In dem nationalen Szenario gibt es keine installierten Kälteanlagen mit R744 als Kältemittel.

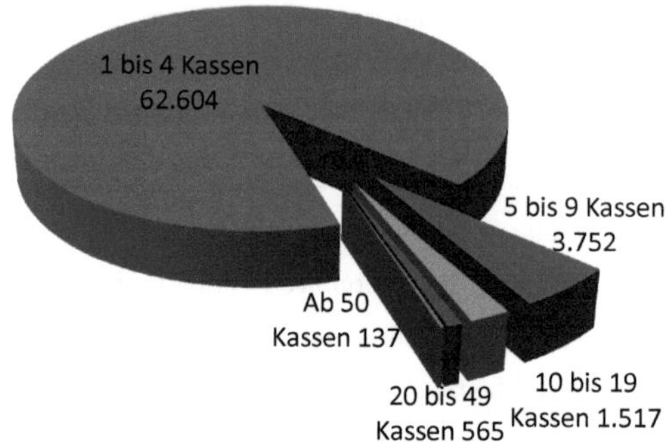

Abbildung 2.8: Verteilung der Selbstbedienungs-Geschäfte in Brasilien pro Zahl der Kassen [64]

2.4.3 Referenzanlage

Bei der hier als Referenzanlage verwendeten Kühltruhe handelt sich um eine herkömmliche Kühlinsel mit dem Kältemittel R404A (Model CTP 1530 SX) des Herstellers Linde AG ohne Abdeckung, im Temperaturbereich von 2°C, Kälteleistung von 540 W bei 20°C Umgebungstemperatur mit einer Verdampfungstemperatur von -10°C und Antriebsleistung von 540 W (Verdichterleistung) plus 60 W Licht und Ventilator. Eine Skizze von der Kühlinsel und ein Foto von dem jeweiligen Typenschild befindet sich in Abbildung 2.9 und 2.10.

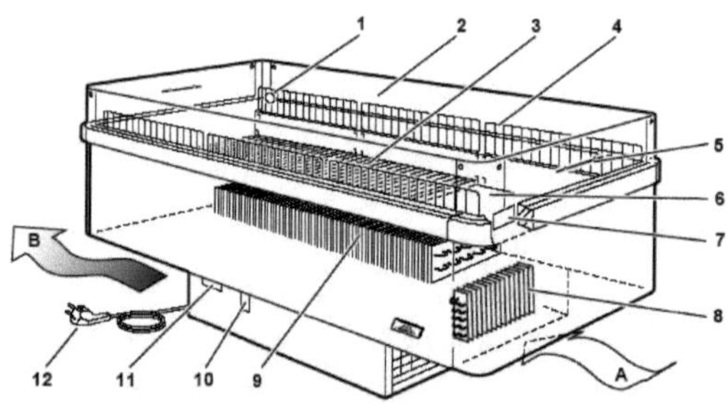

Abbildung 2.9: Skizze der Referenzanlage

Die Zahlen in der Abbildung 2.9 stehen für: 1 Thermometer, 2 Kunststoffwand, 3 Bodengitter, 4 Entfroster, 5 Max. Füllhöhe, 6 Grundplatte, 7 Typenschild, 8 Kondensator, 9 Verdampfer, 10 Entfrostungsschalter, 11 Thermostat, 12 Stromversorgungsleitung, A Luftansaugöffnung und B Luftausblasöffnung.

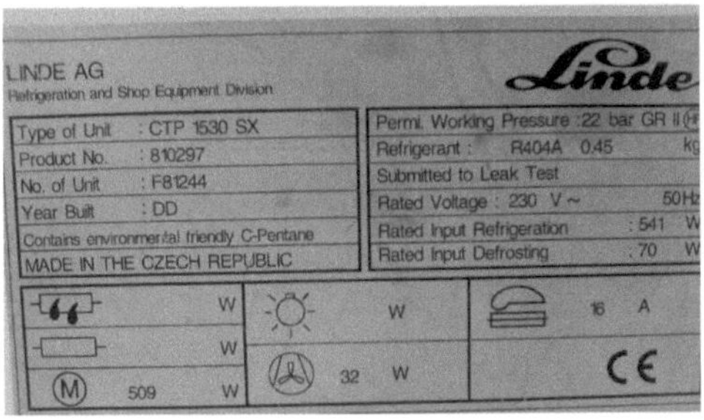

Abbildung 2.10: Foto des Typenschilds der Referenzanlage

Die Energieverbrauchsmessungen wurden über ein Energieverbrauchsgerät der Firma Voltcraft Typ 3500 durchgeführt. Die Kühlinsel wurde während zwei Woche im Betrieb in einen Supermarkt der Gruppe REWE in der Stadt Peine (Deutschland) unter relativ konstanter Umgebungstemperatur von 20°C vermessen. Abbildung 2.11 zeigt den Leistungsverbrauch der Maschine in Abhängigkeit der Zeit während 14 Tagen. Die Messungen zeigen einen Energieverbrauch von 88,05 kWh innerhalb von 2 Woche.

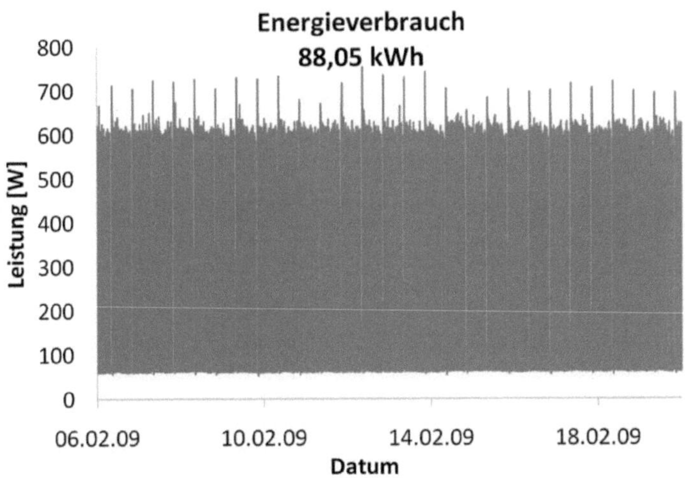

Abbildung 2.11: Elektrischeleistungsaufnahme der Maschine im Abhängigkeit der Zeit über 14 Tagen

Im Abbildung 2.12 ist zu bemerken, dass der Verdichter für zwei Minuten ausgeschaltet und für vier Minuten eingeschaltet war. Die Auftauperiode dauerte 1 Stunde und hat zweimal am Tag stattgefunden.

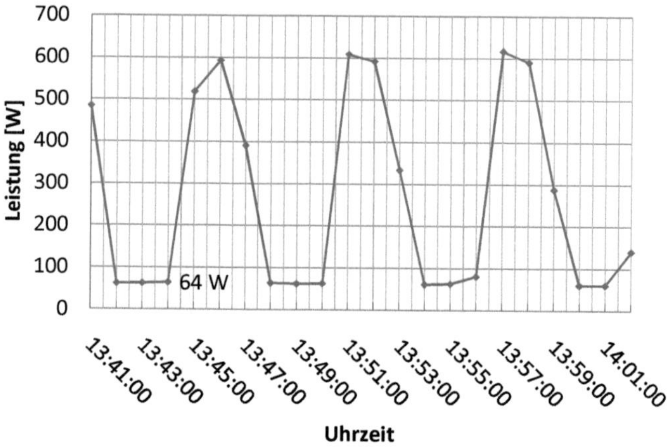

Abbildung 2.12: Leistungsverbrauch der Maschine im Abhängigkeit der Zeit über 12 Minuten

Im Schnitt lag die elektrische Antriebsleistung etwa bei den angegebenen Werten. Zur tatsächlichen Kälteleistung kann an dieser Stelle keine Aussage getroffen werden. Der Gesamt-COP liegt aber vermutlich unterhalb von 1.0.

Kapitel 3

Stand des Wissens zur Ejektor-Modellierung

Das folgende Kapitel widmet sich der Charakterisierung und theoretischen Untersuchung von Ejektoren. Im Fokus der Betrachtung stehen Zwei-Phasen-Ejektoren, die zur Rückgewinnung von Drosselverlusten in der Klima- und Kältetechnik eingesetzt werden. Die Motivation, einen Ejektor anstelle der Drossel in tropischen Gebieten zu verwenden, ist, dass bei höheren Umgebungstemperaturen größere Druckverhältnisse zwischen Gaskühler bzw. Kondensator und Verdampfer herrschen. Diese Randbedingungen führen dazu, dass herkömmliche einstufige Kreisläufe einen geringen Wirkungsgrad haben [41]. Bei den im Rahmen dieser Arbeit untersuchten Ejektor-Kältekreisläufen handelt es sich ausnahmslos um Kompressionskälteanlagen.

3.1 Aufbau und Geometrie

Die Auslegung eines Ejektors wird, angesichts der unbekannten Strömungsverhältnisse, mit Hilfe von experimentellen Untersuchungen durchgeführt. Grundlage der Auslegung ist eine Geometrievariation und die Messung der Ejektoreffizienz. Zunächst wird eine prinzipielle Geometrie des Ejektors festgelegt und die Effizienz des danach gefertigten Ejektors in experimentellen Untersuchungen im Auslegungsbetriebspunkt bestimmt. Die häufig verwendete prinzipielle Aufbau eines Ejektors wird in der Abbildung 3.1 und Tabelle 3.2 gezeigt. Ein Ejektor besteht aus folgenden Komponenten: Treibdüse, Saugdüse, Mischrohr und Diffusor.

Geometrieparameter:

Aus den Messungen geht hervor, dass die Ejektoreffizienz von Geometrieverhältnissen stark beeinflusst wird, besonders entscheidend sind:

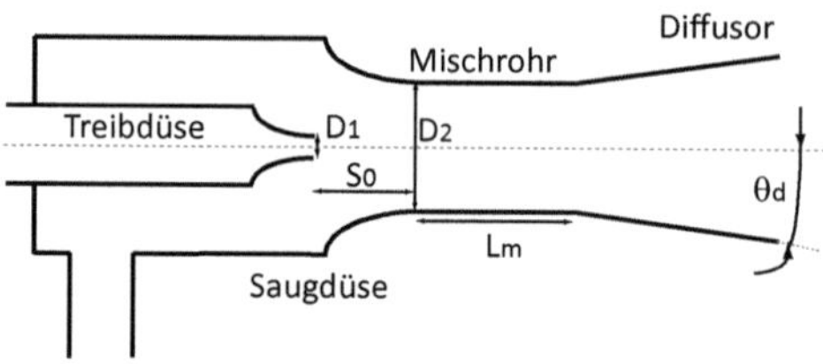

Abbildung 3.1: Prinzipielle Geometrie des Ejektors

D_1	Durchmesser Treibdüsenaustritt
D_2	Durchmesser Mischrohr
L_m	Länge Mischrohr
S_0	Abstand Treibdüsenaustritt zum Mischrohreintritt
θ_d	Öffnungswinkel des Diffusors

Tabelle 3.1: Geometrieparameter des Ejektors

- Die Struktur des Treibstrahles, die von den Zuströmbedingungen und der Geometrie der Treibdüse bestimmt wird
- Der Abstand der Treibdüse vom Eintritt des Mischrohrs
- Die Form des Einlaufes im Saugbereich
- Das Verhältnis des Mischrohrdurchmessers zum Durchmesser des Treibdüsenaustritts
- Das Verhältnis der Länge des Mischrohrs zum Durchmesser des Mischrohrs
- Der Öffnungswinkel des Diffusors

In einer mehrphasigen Strömung (Flüssigkeit als Treibströmung und Gas als Saugströmung) ist zu bemerken, dass es große Dichteunterschiede zwischen den Treib- und Saugströmungen gibt. Im Gegensatz zu einphasigen Strömungen sollte das Verhältnis des Mischrohrdurchmessers zum Durchmesser des Treibdüsenaustritts, aufgrund des Schlupfs zwischen den Phasen, einen absoluten optimalen Wirkungsgrad bei kleineren Durchmesserverhältnissen haben [38]. Die optimalen Geometrieparameter wurden durch die in der Literatur vorhandenen experimentellen Ergebnisse bestimmt.

3.2 Literaturübersicht

Ejektoren werden in verschiedenen Bereichen eingesetzt, z. B. in Kernreaktoren, thermischen Kraftwerken und in der Klima- und Kältetechnik. In der Literatur findet man etliche Synonyme für Ejektoren wie z.B. Dampfstrahlpumpe oder Injektor. Den größten Unterschied macht der Druck am Austritt des Diffusors aus. Beim Ejektor ist das Verhältnis zwischen dem Druckunterschied vom Austritt Diffusors und Austritt Verdampfers und dem Druckunterschied vom Austritt Gaskühler und Austritt Diffusor wesentlich kleiner als beim Injektor. Die Klassifikation eines Ejektors hängt von seiner Verwendung und von der Art der Strömung ab. Die Strömung kann ein- oder mehrphasig sein und eine oder mehre Komponenten enthalten. Tabelle 3.1 zeigt eine Zusammenfassung von den typischen Ejektoren mit Einkomponenten-Strömung [33].

Ejektor	Treib-strömung	Saug-strömung	Austritts-strömung	Bemerkungen
Dampfstrahl	Dampf	Dampf	Dampf	mögliche zweiphasige Strömung mögliche Stoßwellen
Flüssigkeitsstrahl	Flüssig	Flüssig	Flüssig	einphasige Strömung ohne Stoßwellen
Kondensation	Dampf	Flüssig	Flüssig	Verflüssigung des Treibdampfes starke Stoßwellen
Zwei-Phasen	Flüssig	Dampf	Zwei-Phasen	zweiphasige Strömung mögliche Stoßwellen

Tabelle 3.2: Klassifikation typischer Ejektoren mit Einkomponenten-Strömung [33]

1858 erfand Giffard einen Kondensations-Ejektor, welcher dazu benutzt wurde, einen Boiler für eine Dampfmaschine mit flüssigem Wasser zu befüllen. Giffard benutzte eine Lavaldüse, um Überschallgeschwindigkeit am Ende der Treibdüse zu erreichen. Beobachtet wurden Kondensationsstöße, die durch die Verflüssigung des Treibdampfes im Mischbereich einen schnellen Anstieg der Dichte verursachen. Der Ejektor wurde durch empirische Modelle ausgelegt [48].

Ein-Phasen-Ejektor

Charles Parsons baute 1901 einen Ejektor, um Luft aus den Kondensatoren von Dampfkraftwerken zu pumpen. Der Ejektor-Kaltdampfprozess wurde um 1910 von Maurice Leblanc in Paris entwickelt [37]. Dieser Prozess nutzt den Ejektor als einen

Thermoverdichter, um Dampf aus dem Boiler zu entfernen und unterscheidet sich damit deutlich von dem im vorangegangenen Abschnitt erklärten Prozess.

Der Ejektor-Kaltdampfprozess erfreute sich Anfang der 30er Jahre des vergangenen Jahrhunderts großer Beliebtheit bei der Klimatisierung großer Gebäude. Ejektor-Kaltdampfkreisläufe wurden allerdings im Laufe der Zeit durch Kreisläufe mit mechanischen Verdichtern ersetzt.

Gelegentlich werden Ejektoren auch in der neueren Forschung als Ersatz für den Verdichter in herkömmlichen Kältekreisläufen vorgeschlagen. Diese Kreisläufe arbeiten häufig mit Wasser als Kältemittel. Sie haben gemein, dass ihre Effektivität im Vergleich zu Kreisläufen mit mechanischem Verdichter relativ niedrig ist. Eine zweistufige Prozessgestaltung kann die Effektivität dieser Kreisläufe zwar erhöhen, führt allerdings zu recht komplizierten Systemen [85; 86]. Riffat [76; 77] schlug ein Ejektor-Kältekreislauf für die Klimatisierung von Kraftfahrzeugen vor, der die Abwärme der Motorkühlung oder des Abgases nutzt. Auch diese beiden Forscher benutzen Wasser als Kältemittel und präsentieren eine eindimensionale CFD-Berechnung mit Fluent, in der sie Wasser als ideales Gas behandeln. Selvaraju [83] untersuchte einen ähnlichen Kreislauf mit unterschiedlichen Kältemitteln. Salim [80] erforschte die Möglichkeiten thermisch aktivierter mobiler Ejektor-Kaltdampfprozesse. Aphornratana [8; 9] beschäftigte sich mit Ejektor-Kaltdampfprozessen und verwendete sowohl Dampf als auch R11 [7] als Kältemittel.

Zwei-Phasen-Ejektor

In einem idealen R744-Kreislauf wird gesättigter Dampf vom Abscheider in den Verdichter gesaugt und isentrop zu größeren Temperatur- und Druckniveaus verdichtet. Die Wärmeabgabe im Gaskühler verläuft isobar. An der Treibdüse wird überkritisches R744 isentrop bis zum Mischdruck entspannt und beschleunigt. Wenn das Fluid die Siedelinie überkreuzt, kann dieses zu einer plötzlich einsetzenden Verdampfung führen. Im realen Fall ist die Entspannung durch die Düse zu schnell um das hydrodynamische und thermische Gleichgewicht der zweiphasigen Mischung zu halten. Die Metastabilität führt zu einem Siedeverzug. Um die Sekundärströmung vom Verdampfer ansaugen zu können, muss der Druck am Eintritt des Mischbereichs kleiner sein als der Druck am Austritt des Verdampfers. Während des Ansaugens des Sekundärstroms wird ein Impuls vom schnellströmenden Treibstrom übertragen. Vor der Mischung zwischen Treib- und Saugstrom kann die Sekundärströmung, durch den Einsatz einer Saugdüse isentrop entspannt und beschleunigt werden. Die Mischung kann, abhängig von der Geometrie des Ejektors, mit konstantem Druck oder konstantem Querschnitt angenommen werden. Anschließend strömt das Gemisch durch den Diffusor. Dabei wird die kinetische Energie erniedrigt und die Enthalpie sowie der Druck erhört. Der zweiphasige Strom fließt zum Abscheider. Die Dampfphase wird vom Verdichter wieder angesaugt. Die Flüssigkeit wird erst bis zum Verdampfungsdruck entspannt und dann isobar verdampft. Zwei-Phasen Ejektor-Kältekreisläufe bieten den Vorteil, dass bei einer isentropen Entspannung die Enthalpiedifferenz im Verdampfer größer ist als die in einem Kältekreislauf mit einer isenthalpen Drosselung ist. Dieses kann zu einer größeren Kälteleistung führen. Durch den Verdichtungseffekt im Ejektor wird zudem die Verdichterarbeit im Kompressor kleiner (kleinere Verdichtungsverhältnisse), ein höher COP entsteht und die Temperaturen am Austritt des Verdichters werden verringert. Durch das kleinere Verdichtungsverhältniss ist zu erwarten, dass der Wirkungsgrad des Kompressors besser wird.

Gay [36] war der Erste, der ein Kältekreislauf mit einem Zwei-Phasen Ejektor zwischen Verdampfer und Abscheider gebaut hat. Sein US Patent 1,836,318 stammt aus dem Jahre 1931. Es gibt mehrere Forscher, die sich in den vergangenen Jahrzehnten mit den Möglichkeiten von Zwei-Phasen-Ejektoren in Kaltdampfprozessen beschäftigt haben. Allerdings greifen bei der Modellierung der Zwei-Phasen-Ejektoren die meisten Autoren auf Modelle zurück, die für einphasige Ejektoren entwickelt wurden. Bonnington [13] gibt einen guten Überblick über Strahlpumpen und Ejektoren. Die meisten Modelle stammen aus dem Bereich der Kernreaktorforschung. Größtenteils beinhalten die Arbeiten über Zwei-Phasen Ejektoren, die in der Literatur zu finden sind, numerische Modelle, aber wenige experimentelle Untersuchungen. Kornhauser [47] entwickelte ein eindimensionales Modell für die drei Abschnitte des Ejektors (vergleiche Abbildung 1.3 die Bereiche 4,5 und 6) und verwendete Wirkungsgrade für jeden Abschnitt, um seine Simulationsergebnisse an gemessene Daten anzupassen. Die verwendeten Wirkungsgrade sollen die Abweichungen von den isentropen Prozessen abbilden. Die Mischung der zwei Strömungen wird mit konstantem Druck angenommen. Aufgrund der Schwierigkeiten den Mischdruck zu messen, wird dieser theoretisch bestimmt und dann variiert. In seiner Arbeit zeigt Kornhauser [47], dass eine Reduzierung der Verluste aufgrund von Schubkraft im Mischbereich möglich ist, wenn beide Strömungen mit ähnlicher Geschwindigkeit im Mischbereich eintreten. Kornhauser vereinfachendes Näherungsmodell wird von anderen Autoren aufgegriffen und geringfügig erweitert

[24; 40]. Menegay [62], ein Schüler von Kornhauser, entwickelt in seiner Dissertation ein CFD-Modell für einen Ejektor. Allerdings scheitert er dabei an der Komplexität der vorliegenden Strömung, wie z.B. Verdampfung und Kondensation, Siedeverzug, Stoßwellen usw.. Auch die Arbeit von Cizungu [18] stößt auf derartige Probleme. Kornhauser [47], Domanski und Brown [24; 25; 14] zeigten, dass eine Verbesserung des Wirkungsgrades von ungefähr 20% theoretisch für die meisten HFKWs und FKWs möglich ist. Menegay [62] bestimmte eine COP-Verbesserung von 4% für R12. Jeong [40] untersuchte die Effizienz von Zwei-Phasen-Ejektoren für zwei Kältemittel, Ammonia und R744. Es handelte sich allerdings nur um numerische Untersuchungen. Die Ejektoreffizienz basierte auf Kornhausers Näherungsmodell. Es wurde gezeigt, dass für 90% Ejektorwirkungsgrade eine COP Verbesserung von 5% im Vergleich zu herkömmlichen Kältekreisläufen mit Ammonia als Kältemittel und für CO_2 22% COP Verbesserung erreicht werden kann. Den großen Unterschied zwischen den COP Verbesserungen begründet Jeong durch die überkritischen Zustände im Gaskühler bei CO_2 Kreisläufen. Auch Nehdi [66] hat das Modell von Kornhauser angewendet, um die Effizienz des Kältekreislaufs mit Zwei-Phasen-Ejektor numerisch bestimmen zu können. Dabei hat Nehdi verschiedene Kältemittel untersucht. Die Wärmeabgabe im Kondensator wurde in allen Fällen subkritisch angenommen. R141b zeigte die größte Effizienzverbesserung von 22% im Vergleich zu herkömmlichen Kältekreisläufen.

Disawas [22; 23] führte experimentelle Untersuchungen durch, um einen Vergleich zwischen einem herkömmlichen Kältekreislauf und einen mit dem Zwei-Phasen-Ejektor anstelle der Drossel zu bekommen. R134a wurde als Kältemittel verwendet. Bei dem Ejektorkreislauf war der Verdampfer mit Kältemittel überflutet und konnte wie eine Flüssigkeit in Rezirkulationssystemen arbeiten. In diesem Fall hat der Ejektor wie eine Flüssigkeitspumpe für die unteren Kreise funktioniert. Die Betriebsbedingungen waren ähnliche wie bei einer Klimaanlage. Die Temperatur der Wärmesenke variierte von 27°C bis zu 37°C und die von der Wärmequelle von 8°C bis 16°C. Der Kältekreislauf mit dem Ejektor zeigte eine bessere Effizienz bei niedrigen Wärmesenkentemperaturen. Die Verbesserung des COPs ist bei höheren Wärmesenkentemperaturen kleiner geworden. Es wurde auch experimentell bewiesen, dass durch die Anwendung eines Ejektors anstelle der Drossel die Temperaturen und die Druckverhältnisse im Verdichter niedriger werden. Später nutzte Chaiwongsa [17] das gleiche System um experimentell die Durchmesser-Effekte am geometrisch engsten Treibdüsenquerschnitt zu untersuchen. Dabei wurden Treibdüsen mit drei verschiedenen Durchmessern verwendet und die

Randbedingungen wurden variiert. Die beste COP wurde in allen Fällen durch die Treibdüse mit dem kleinsten Durchmesser erzielt.

Li und Groll publizierten in 2004 und 2005 ihre Simulationsergebnisse von einem CO_2-Ejektor Kältekreislauf. Dabei haben sie auch Komponentenwirkungsgrade für jeden Abschnitt des Ejektors verwendet. Ziel der Untersuchung war der Vergleich zwischen einem herkömmlichem Kältekreislauf und einem mit Ejektor. Beide Kreisläufe verwenden CO_2 als Kältemittel. Die Ergebnisse zeigen eine COP Verbesserung um mehr als 16% bei Verwendung eines Ejektors anstelle einer Drossel. Außerdem schlagen sie ein Regelungskonzept vor. Einen geregelten Abscheider, indem ein Teil vom Dampf, der zum Verdichter fließt, dem Verdampfereintritt zugeführt wird [54; 55]. Li [53] untersuchte experimentell einen CO_2-Ejektor mit verschiedenen Geometrie und Randbedingungen. Er zeigte, dass ab 49°C Umgebungstemperatur ein CO_2-Kältekreislauf mit Ejektor ineffizienter als die herkömmlichen Kältekreisläufe wird. Li erklärte, dass bei solchen hohen Umgebungstemperaturen das Massenstromverhältnis drastisch absinkt. Die Ergebnisse sind sehr kontrovers, man erwarten würde, dass obwohl das Massenstromverhältnis drastisch absinkt, der Druckrückgewinn größer wird. Liu und Groll [58; 57] kombinierten Treib-, Saugdüsen, Mischbereich und Diffusor Strömungsmodelle, um den Einfluß der geometrischen Ejektorparameter und der Betriebsbedingungen auf den Ejektorwirkungsgrad zu untersuchen. Mit Hilfe von Experimenten wurden empirische Gleichungen entwickelt. Die Gleichungen drücken die getrennte Düsen-, Mischbereichs- und Diffusorseffizienzen als Funktion von Geometrie, Druck- und Massenstromverhältnis aus. Die optimalen geometrischen Parameter des Ejektors und eine COP- und Kälteleistungsverbesserung von bis ca. 18% bzw. 20,9% für 37,8°C Umgebungstemperatur wurden bestimmt.

Butrymowicz [16] schrieb, dass das vereinfachte Näherungsmodell von Kornhauser sowohl die Änderungen der Phasen im Ejektor als auch die Stoßwellen nicht berücksichtigt. Dabei hat er eine andere Definition für die Ejektoreffizienz angewendet. Die benutzte Effizienz wurde als das Verhältnis der Verdichtungsenergie von der Gasphase bei konstanten Temperaturen zur treibenden Energie des Ejektors, als die Energie des isochoren Pumpens der antreibenden Flüssigkeit, definiert. Das Modell stellte bei einer konstanten Verdampfungstemperatur von -20°C und einer Gaskühleraustrittstemperatur von 40°C mit R134a als Kältemittel eine Ejektoreffizienz von 12,5% vor und eine COP Verbesserung von 29% zwischen den Ejektor- und herkömmlichen Kältekreisläufen.

Akagi [6] untersuchte theoretisch und experimentell einen CO_2-Ejektor Kältekreislauf mit konvergenter Treibdüse und Mischbereich mit fünf verschiedenen Durchmessern, allerdings ohne Diffusor. Seine Berechnung der Ejektoreffizienz beruht auf der Annahme, dass die Beziehung zwischen Saugmassenstrom und Druckrückgewinn (Differenz zwischen den Druck am Austritt des Ejektors und dem Eintritt der Saugdüse) bekannt ist und eine adäquate Treibdüseneffizienz (in diesem Fall 0,8) ausgewählt wurde. Akagi hat einen optimalen Wert für den Mischbereichdurchmesser experimentell gefunden. Es wurde auch gezeigt, dass wenn das Expansionsventil graduell verengt wird, der Druckrückgewinn im Ejektor steigt und der Saugmassenstrom kleiner wird. COP Verbesserungen von bis zum 11% wurden erreicht.

DENSO veröffentlichte im vergangenen Jahr einen Artikel [87], in dem durch den Einsatz eines Ejektors eine Verbesserung des COPs von 45% bis 65% für Kältekreisläufe angegeben wird. Dabei wurden keine ausführlichen Beschreibungen angegeben, sowie welche Kältemittel benutzt wurden und ob es numerische oder experimentelle Ergebnisse waren. Ozaki [67] publizierte eine Arbeit mit begrenztem experimentellen Ergebnissen, in welcher ein Zwei-Phasen-Ejektor für Pkw-Klimatisierung benutzt wurde. Eine COP Verbesserung von bis ca. 20% im Vergleich mit den herkömmlichen Klimaanlagen wurde erreicht. Das japanische Unternehmen DENSO ist das weltweit erste Unternehmen, das Zwei-Phasen-Ejektoren in CO_2-Systemen kommerziell vertreibt. Die erste Anwendung eines Zwei-Phasen-CO_2-Ejektors war eine Warmwasserwärmepumpe, die auf dem japanischen Markt angeboten wird [20; 21]. DENSO vertreibt zudem eine R404A-Transportkälteanlage mit Zwei-Phasen-Ejektor [87].

Ksayer [51] untersuchte theoretisch und experimentell einen CO_2-Ejektor Kältekreislauf. In seinem 1D-Modell für die Simulation des Zwei-Phasen-Ejektor wurden auch isentrope Wirkungsgrade für die vier Teile des Ejektors gegeben. Ksayer nutzte das Modell, um die COP Verbesserung zwischen CO_2- und R134a-Ejektoren zu vergleichen. Die Ergebnisse zeigen, dass auch für die R134a-Ejektor Kältekreisläufe eine COP Verbesserung möglich ist, allerdings kleiner als für die CO_2-Kältekreisläufe. In seinem experimentellen Teil untersuchte er achtzehn Ejektoren mit verschiedenen Geometrien. Für den CO_2-Ejektor Kältekreislauf mit einer Gaskühler Austrittstemperatur von 30°C, einer Verdampfungstemperatur von 2°C und einer Verdampferüberhitzung von 5K wurde eine COP Verbesserung von 12% erreicht. Durch einen Vergleich zwischen experimentellen und Simulationsergebnissen wurde sein 1D-Modell adaptiert. Eine von ihm genannte Flächeeffizienz wurde in dem Modell eingeführt. Die Flächeeffizienz hängt von dem Fluid und Ejektorparametern ab und sie bestimmt den effektiven Querschnitt der Mischkammer.

Elbel [30] hat den Einfluss eines internen Wärmeübertragers (IHX) zusammen mit einen CO_2-Ejektor Kältekreislauf theoretisch untersucht. Die numerischen Simulationen basieren auf Kornhausers vereinfachtem Näherungsmodell. Die besten COPs wurden mit IHX und Ejektor erzielt. Elbel schlägt vor, dass die Hochdruckseite des Kreises noch benutzt werden kann, um die COPs des Kreises zu maximieren. Um die Simulationsergebnisse zu validieren hat Elbel [31; 32; 34] experimentelle Untersuchungen durchgeführt. In seinen Experimenten wurde, mit dem Ziel die Hochdruckseite zu regeln, eine Nadel in die Treibdüse geführt. Dadurch wurde eine COP Verbesserung von ca. 7% und eine Steigerung der Kälteleistung im Verdampfer von ca. 8% erreicht. Dabei wurde festgestellt, dass die Anwendung eines Ejektors anstelle einer Drossel als Expansionsorgan einen reduzierten Druckabfall im Verdampfer ergibt sowie eine bessere Kältemittel Verteilung und besseren Wärmeübergang im Verdampfer bewirkt. Ein semi-durchsichtiger Ejektor wurde gebaut, um Stoßwellen innerhalb des Mischbereichs des Ejektors zu visualisieren [32]. Elbel [34] definierte eine Ejektoreffizienz basierend auf gemessenen Druck, Temperatur und Massenstrom. Bis zu ca. 14,5% von der Expantionsarbeit wurden gewonnen. Durch Extrapolation wurde gezeigt, dass COP Verbesserungen von 18% erreicht werden kann.

Richter [75] stellte die Erweiterung einer vorhandenen einfachen Bibliothek mit den gewöhnlichen Elementen zur stationären Berechnung des Kältekreislaufes eines Ejektors vor. Eine neue Stoffdatenbibliothek für Modelica basierend auf Kornhausers Modell wurde entwickelt. Die Ergebnisse zeigten, dass unter Umgebungstemperaturen zwischen 20°C und 50°C und mit R744 als Kältemittel der Ejektor-Kältekreislauf einen Vorteil gegenüber den herkömmlichen Kältekreisläufen besitzt. Köhler [43] präsentierte eine neuartiger Definition für die Effizienz eines Ejektors. Die Effizienz ist nur abhängig von den Eintritts- und Austrittszustände des Ejektors und wurde auch später von Elbel [34] verwendet. COP Verbesserungen von bis zu 10% wurden mit der experimentell bestimmten Ejektoreffizienz erreicht. Die gemessene Ejektoreffizienz liegt, abhängig von den Betriebsbedingungen, zwischen 8% und 20%. Tischendorf [89] hat einen herkömmlichen Kältekreislauf mit einem internen Wärmeübertrager ohne und mit einem Ejektor verglichen. Der Kältekreislauf mit Ejektor weist bis zu 15% höhere Effizienzen auf.

Yari [94] führte theoretische energetische und exergetische Untersuchungen mit fünf verschiedenen Kältekreislaufvarianten für mehrere Kältemittel durch, allerdings alle mit Wärmeabgabe im unterkritischen Bereich. Einen herkömmlichen Kältekreislauf, einen herkömmlichen Kreislauf mit einem IHX, einen IHX und Zwischenkühler, einen Ejektor-Kältekreislauf und einen Ejektor-Kältekreislauf mit IHX und Zwischenkühler. Der Vergleich wurde mit Hilfe von numerischen Simulationen durchgeführt. Yari hat auf das Kornhauser-Modell zurückgegriffen. Die Simulationsergebnisse zeigen, dass der Ejektor-Kältekreislauf mit IHX und Zwischenkühler die besten COP-Werte aufweist. Im Vergleich mit einem Ejektor-Kältekreislauf ohne IHX und ohne Zwischenkühler weist der Ejektorkreislauf mit IHX und Zwischenkühler ein 27% höheres Massenstromverhältnis und 8,1% höhere Effizienz auf. Es wurde eine COP Steigerung von 21% durch den Ejektorkreislauf mit IHX und Zwischenkühler in Vergleich zu einem herkömmlichen Kältekreislauf erreicht. Die größte COP Verbesserung wurde mit dem Kältemittel R125 erzielt. Weiterhin führte Yari [93] die oben genannten Untersuchungen für die transkritischen Kältekreisläufe mit R744 als Kältemittel durch. Die Ergebnissen deuteten auf eine maximale COP Steigerung von 55,5% zwischen den Ejektorkreislauf mit IHX und Zwischenkühler und den herkömmlichen Kältekreisläufen hin.

Zha [95] präsentierte numerische Simulationsergebnisse für einen transkritischen R744 Ejektor-Kältekreislauf. Um die numerischen Simulationen durchführen zu können, griff er auf getrennte isentrope Effizienzmodelle für den Zwei-Phasen-Strom zurück. Zha merkte, dass das Massenstromverhältnis mit steigenden Treibdüseneintrittstemperaturen absinkt. Im Gegenteil dazu steigt der Diffusoraustrittsdruck. Drescher [28] nutzte die numerischen Ergebnisse von Yari und baute einen ölfreien R744 Ejektor-Kältekreislauf. Wie in dem Modell, zeigen die experimentellen Ergebnisse, dass bei gleicher Kälteleistung ein höherer Dampfgehalt vom CO_2 am Verdampferaustritt den Druckrückgewinn erhöht, weil weniger Flüssigkeit von dem Treibstrom beschleunigt werden muss. Allerdings sinkt das Massenstromverhältins ab. Weiterhin untersuchte Drescher [27] den Einfluß von geometrischen Parametern und Betriebsbedingungen auf die Ejektoreffizienz. Die Ejektoreffizienz wurde wie von Köhler [43] definiert. Der Abstand zwischen Treibdüsenaustritt und Mischbereichseintritt zeigte einen großen Einfluss auf die Effizienz vom Ejektor. Ein optimaler Abstand für die maximale Ejektoreffizienz wurde gemessen. Allerdings waren die physikalischen Gründe nicht klar.

Xu [92] baute eine CO_2-Wasser Wärmepumpe mit einem Zwei-Phasen Ejektor als Entspannungsorgan und einem Zwischenwärmeübertrager. Die Nutzung eines IHX brachte eine COP Verbesserung von bis zu 16% im Vergleich mit einem Ejektor Kältekreislauf ohne IHX. Sakar [79] führte theoretische Untersuchungen in einer herkömmlichen R744-Ejektor-Wärmepumpe und einer, wie bei Li [55], mit geregeltem Abscheider durch. Ein Teil des Dampfes, der zum Verdichter strömt wird dem Verdampfereintritt zugeführt. Damit ist der Dampfgehalt am Verdampferaustritt regelbar. Numerische Simulationen wurden mit theoretischen und experimentellen Ergebnissen aus der Literatur validiert. Die Effizienz des Ejektors wurde mit festen getrennten Werten für jeweils Treib- und Saugdüse sowie Mischbereich und Diffusor erstellt. Der Druck im Mischbereich wurde als konstant angenommen. Dabei stellte er fest, dass sich das optimale Massenstromverhältnis mit sinkenden Gaskühlersaustrittstemperaturen und steigenden Verdampfungstemperaturen erhört, wobei der optimale Druckrückgewinn mit steigenden Gaskühlersaustrittstemperaturen und sinkenden Verdampfungstemperaturen steigt. Der modifizierte Kreislauf wies niedrigere COPs im Vergleich mit dem herkömmlichen Ejektorkreislauf auf.

In der Arbeit von Nakagawa [65] wurden experimentelle Ergebnisse eines CO_2-Ejektorkältekreislaufes mit einem Zwischenwärmeübertrager präsentiert. Die Experimente wurden unter Verwendung von drei Ejektoren mit unterschiedlichem Mischquerschnitt durchgeführt. Dabei wurden die Betriebstemperaturen und -drücke variiert. Es wurden Messungen des Druckverlaufs entlang der Strömung im Mischrohr gemacht. Nakagawa nutzte das gleiche Ejektoreffizienzmodell wie Köhler [43]. Die Ergebnisse zeigen, dass der Eintrittsdruck und die Eintrittstemperatur der Treibdüse einen bedeutenden Effekt auf den Druckgewinn im Ejektor haben. Der Ejektor mit dem kleinstem Mischrohrquerschnitt hat den höchsten Druckgewinn erzeugt, außer bei sehr großem Gaskühleraustrittsdruck oder bei sehr kleinen Gaskühleraustrittstemperaturen. Die gemessenen Ejktoreffizienzen haben zwischen 5% und 25% variiert. Der Verlauf der Ejektoreffizeinzkurven folgt im Allgemeinen der Tendenz der COP-Werte außer bei unterschiedlichen Verdampfungstemperaturen, wo ein niedriges Verdichtungsverhältnis mehr Effekt auf den COP als auf das Massenstromverhältnis und den Druckgewinn ausübt.

3.3 Übliche mathematische Modellbildungen

Aufgrund der komplexen Strömungsverhältnisse (Stöße, Phasenveränderungen, Zweiphasenströmung mit Überschallgeschwindigkeit, etc.) im Ejektor, gestaltet sich die entsprechende mathematische Modellierung komplex. Neben den Bilanzgleichungen von Masse, Energie und Impuls müssen Zustandsgleichungen, isentropische Beziehungen sowie einige Annahmen verwendet werden, um die Beschreibung des Fluids und des Mischens im Ejektor zu unterstützen.

Folgende Annahmen wurden für die Modelle getroffen:

- Das System wird als eindimensional betrachtet
- Die Eintrittsgeschwindigkeiten der Treib- und Saugströmungen sind vernachlässigbar und ebenso die Geschwindigkeit am Austritt des Diffusors
- Die Wände des Ejektors werden als adiabat betrachtet.
- Die Strömungen innerhalb des Ejektors sind stationär und isentrop

Die Bilanzgleichungen für die Düse, Mischbereich und Diffusor lautet:

Massenbilanz :

$$\sum \rho_{ein} c_{ein} A_{ein} = \sum \rho_{aus} c_{aus} A_{aus} \tag{3.1}$$

Impulsbilanz :

$$p_{ein} A_{ein} + \sum \dot{m}_{ein} c_{ein} = p_{aus} A_{aus} + \sum \dot{m}_{aus} c_{aus} \tag{3.2}$$

Energiebilanz :

$$\sum \dot{m}_{ein} (h_{ein} + \frac{c_{ein}^2}{2}) = \sum \dot{m}_{aus} (h_{aus} + \frac{c_{aus}^2}{2}) \tag{3.3}$$

Wobei die Indizes *ein* und *aus* bedeuten Eintritts- und Austrittszustände. Die Dichte des Kältemittels wird mit ρ bezeichnet. Außerdem steht p für den Druck, h für die spezifische Enthalpie und c für die Geschwindigkeit des Kältemittels. Der Massenstrom wird mit $\dot{m}$ angegeben und A entspricht dem Querschnitt im Ejektor.

Um die Gleichungen zu schließen, müssen einige zusätzliche Bedingungen zur Verfügung gestellt werden. Dies sind Randbedingungen, Anfangsbedingungen für Iterationen, Entropiegleichung und die Zustandgleichung. Auch die thermodynamischen Eigenschaften und Transporteigenschaften der Strömung sollten gegeben werden. Meistens werden als Randbedingungen der Druck am Eintritt und Austritt des Ejektors angegebenen. In der Literatur sind auch Massenströme oder Treibstrom- und Saugstromgeschwindigkeiten als Randbedingungen zu finden. Als Anfangsbedingungen wird meistens das Expansionsverhältnis oder der Druckrückgewinn verwendet. Das Massenstromverhältnis und/oder der Querschnitt am engsten Durchmesser der Treibdüse wird ebenfalls oft als Anfangsbedingungen benutzt.

Die Turbulenz kann nicht im Detail für die thermodynamischen Modelle modelliert werden. Der Dissipationsterm, der die Reibungs- und Mischungsverluste berücksichtigt, wird durch entsprechende Koeffizienten in den Bilanzgleichungen eingeführt. Im Allgemeinen müssen diese Koeffizienten experimentell bestimmt werden.

3.3.1 Düsenmodell

Die adiabate Düse, in der das Fluid vom Eintrittszustand auf einen gegebenen Gegendruck ($p_{aus} < p_{ein}$) expandiert wird, wird stationär und eindimensional betrachtet. Durch die Verengung des Querschnitts sinkt die Enthalpie und steigt die kinetische Energie.

Abbildung 3.2: Schematische Darstellung einer Düse

Die Kontinuitätsgleichung lautet:

$$\dot{m}_{ein} = \dot{m}_{aus} \tag{3.4}$$

Nach dem ersten Hauptsatz der Thermodynamik für stationäre Fließprozesse für das in Abbildung 3.2 gezeigte Kontrollvolumen gilt, unter den Annahmen, die im Kapitel 3.2 erwähnt wurden [44]:

$$\dot{m}_{ein} h_{ein} = \dot{m}_{aus}(h_{aus} + \frac{c_{aus}^2}{2}) \tag{3.5}$$

Wobei die Zustandsänderung und die Verluste infolge von Reibung und anderen irreversiblen Vorgänge im Inneren des Kontrollraums nicht explizit in Erscheinung treten. Zudem gilt [44]:

$$\int_{ein}^{aus} v(-dp) = \frac{c_{aus}^2}{2} + w_{diss} \tag{3.6}$$

Hierbei ist v das spezifische Volumen und w_{diss} die dissipierte Energie im Kontrollvolumen. Um die Irreversibilitäten der Strömung an der Düse zu betrachten, führt man den isentropen Düsenwirkungsgrad η_{duese} ein:

$$\eta_{duese} = \frac{h_{ein} - h_{aus}}{h_{ein} - h_{aus}^{isen}} \tag{3.7}$$

Der Index *isen* entspricht einer isentropen Zustandsänderung. h_{aus}^{isen} wird wie folgt berechnet:

$$h_{aus}^{isen} = h(p_{aus}, s_{ein}) \tag{3.8}$$

wobei s die Entropie des Fluids ist.

3.3.2 Diffusor-Modell

Umgekehrt wie in einer Düse wird das Fluid in einem Diffusor durch die Erweiterung des Querschnitts und der damit verbundenen Abbremsung des Fluids auf ein höheres Druckniveau verdichtet ($p_{ein} < p_{aus}$). Das heißt, dass die kinetische Energie steigt und die Enthalpie sinkt. Die Kontinuitätsgleichung lautet entsprechend der Gleichung (3.4) und nach dem ersten Hauptsatz der Thermodynamik gilt:

$$\dot{m}_{ein}(h_{ein} + \frac{c_{ein}^2}{2}) = \dot{m}_{aus}h_{aus} \tag{3.9}$$

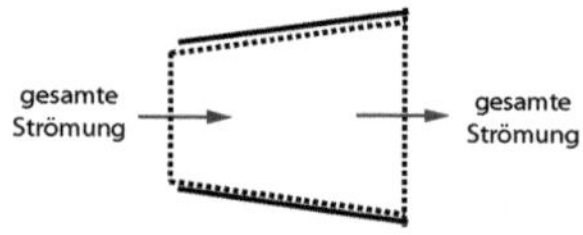

Abbildung 3.3: Schematische Darstellung eines Diffusors

Zudem gilt:

$$\int_{ein}^{aus} v(dp) = \frac{c_{ein}^2}{2} - w_{diss} \tag{3.10}$$

Mit dem isentropen Diffusorwirkungsgrad η_{diff}:

$$\eta_{diff} = \frac{h_{aus}^{isen} - h_{ein}}{h_{aus} - h_{ein}} \tag{3.11}$$

3.3.3 Mischungsmodell

Strömungsprozesse, bei denen sich zwei oder mehrere Stoffströme im Inneren eines offenen Systems vermischen, bezeichnet man als Mischungsprozesse [11]. In einem adiabaten Mischraum ergibt sich im Allgemeinen bei einer Vermischung von zwei Strömungen des selben Stoffes mit verschiedenen Zuständen ein Mischstrom mit einem neuen Zustand. Diese Prozesse sind irreversibel. Um den Mischstromzustand zu erhalten, werden drei Bilanzen aufgestellt: die Massen-, die Impuls- und die Energiebilanz.

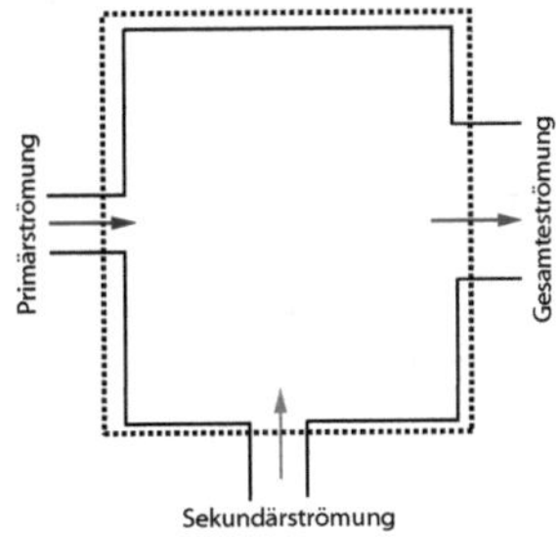

Abbildung 3.4: Schematische Darstellung eines Mischungsprozesses

Die Kontinuitätsgleichung lautet:

$$\dot{m}^p_{ein} + \dot{m}^s_{ein} = \dot{m}^m_{aus} \tag{3.12}$$

Wobei, die Indizes p, s und m bedeuten Primär-, Sekundär- und Mischströmung. Nach dem ersten Hauptsatz der Thermodynamik für stationäre Fließprozesse in dem vorangestellten adiabaten Kontrollraum gilt:

$$\dot{m}^p_{ein}(h^p_{ein} + \frac{(c^p_{ein})^2}{2}) + \dot{m}^s_{ein}(h^s_{ein} + \frac{(c^s_{ein})^2}{2}) = \dot{m}^m_{aus}(h^m_{aus} + \frac{(c^m_{aus})^2}{2}) \tag{3.13}$$

Nach dem zweiten Hauptsatz der Thermodynamik gilt:

$$\dot{m}^p_{ein}s^p_{ein} + \dot{m}^s_{ein}s^s_{ein} = \dot{m}^m_{aus}s^m_{aus} - \dot{S}_{irr} \tag{3.14}$$

mit $\dot{S}_{irr}$ als spezifischer Entropieproduktionsstrom.

Um die Irreversibilitäten bei der Mischung der zweiphasigen Strömungen zu betrachten führt man einen Mischungswirkungsgrad η^m in der Impulsbilanz ein.

Impulsbilanz:

$$p^p_{ein}A^p_{ein} + p^s_{ein}A^s_{ein} + \eta^m(\dot{m}^p_{ein}c^p_{ein} + \dot{m}^s_{ein}c^s_{ein}) = p^m_{aus}A^m_{aus} + \dot{m}^m_{aus}c^m_{aus} \tag{3.15}$$

3.4 Übliche Bilanzierung

Für die Bilanzierung des Ejektors sind verschiedene Annahmen und Kontrollvolumina in der Literatur zu finden. Die am meisten verwendeten Kontrollräume sind im Abbildung 3.5 und 3.6 gezeigt.

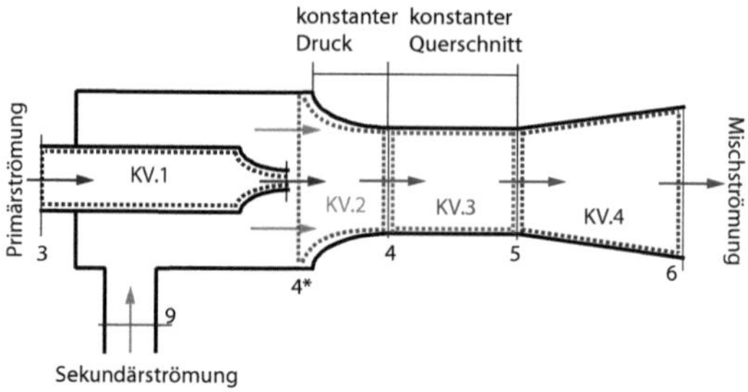

Abbildung 3.5: Darstellung des Kontrollvolumens im Ejektor. Annahme: Der Querschnitt verringert sich bei konstanten Druck im Saugbereich (KV.2).

Für die in der Abbildung 3.5 gezeigten Kontrollvolumen im Ejektor sind folgende Annahmen aufzustellen:

Der Druck am Austritt der Treibdüse (Punkt 4*) ist unbekannt und soll kleiner als der Druck am Eintritt der Saugdüse angenommen werden, damit der Sekundärstrom angesaugt wird. Für das KV.1 sollen die vorangegangenen genannten Gleichungen (3.4), (3.5) und (3.7) angewendet werden. Der isentrope Wirkungsgrad wird als Parameter verwendet.

Im KV.2 soll der gesamte Druck konstant bleiben, allerdings wird der Querschnitt entlang des Kontrollraums im x Richtung kleiner. Die Mischung der Primär- und Sekundärströmung findet im Mischbereich mit konstanten Querschnitt (Punkt 4) statt. Der Primärstrom bleibt unverändert. Der Sekundärstrom wird bis zum gleichen Druck vom Treibdüsenaustritt expandiert und die Gleichungen (3.4), (3.5) und (3.7) und der isentrope Wirkungsgrad werden verwendet . Der Querschnittsanteil vom Primär- und Sekundärstrom am Ende des Kontrollraums KV.2 kann mit Hilfe der entsprechenden Dichte berechnet werden.

$$\rho^p_{aus} c^p_{aus} A^p_{aus} = \dot{m}^p_{aus} \tag{3.16}$$

$$\rho^s_{aus} c^s_{aus} A^s_{aus} = \dot{m}^s_{aus} \tag{3.17}$$

Die Dichte wird mit Hilfe der Stoffdaten berechnet:

$$\rho^p_{aus} = \rho(p^p_{aus}, h^p_{aus}) \tag{3.18}$$

$$\rho^s_{aus} = \rho(p^s_{aus}, h^s_{aus}) \tag{3.19}$$

Im Mischbereich mit konstanten Querschnitt KV.3 soll eine Druckerhöhung im Folge von möglichen Stößen stattfinden. Am Eintritt des Kontrollraums wird ein gleichmäßiger Druck angenommen. Der Druck am Austritt des Kontrollvolumens und der Mischungswirkungsgrad sollen geschätzt und als Parameter benutzt werden. Die Kontinuitätsgleichung (3.12), die Energiebilanz (3.13) und Impulsgleichung (3.14) werden verwendet.

Im Diffusor KV.4 werden dann die Gleichungen (3.9) und (3.11) mit dem entsprechenden Diffusorwirkungsgrad als Parameter benutzt.

Das vorangestellt präsentierte Modell hat viele Nachteile. Unter anderem weichen die vielen benutzenden Annahmen von den experimentellen Versuchen ab. Das größte Problem dabei ist, den Druck am Austritt der Treibdüse messen zu können.

Ein weiteres Modell ist im Abbildung 3.6 zu sehen:

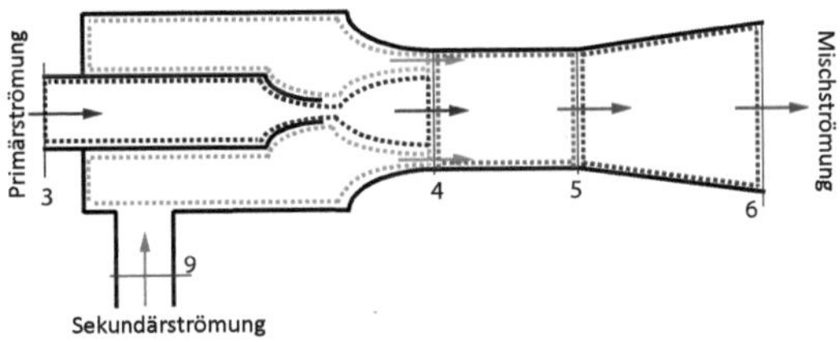

Abbildung 3.6: Darstellung des Kontrollvolumens im Ejektor. Die Entspannung des Primär- und Sekundärstroms erfolgt bis zum Eintritt des Mischbereichs

Der große Vorteil des Modells ist, dass die Entspannung des Primär- und Sekundärstroms bis zum Eintritt des Mischbereichs erfolgt. Im Punkt 4 ist der Druck einfacher zu messen. Der Mischvorgang kann hier auch als isobar oder mit einer Drucksteigerung angenommen werden.

In einem Ejektor-Kreislauf verwendet man oft einen Phasentrenner (oder Abscheider) vor dem Verdichter (siehe Abbildung 1.2 im Kapitel 1). Diese Komponente sorgt dafür, dass der Verdichter vor Tropfenschlag geschützt ist. Wenn man den Kreislauf als stationär annimmt, den Abscheider als adiabat und zusätzlich die Annahme trifft, dass an beiden Ausgängen des Abscheiders gesättigter Dampf und Flüssigkeit ausströmen, muss das Massenstromverhältnis $\psi = \frac{\dot{m}_s}{\dot{m}_t}$ (die Indizes s und t stehen für Saug- und Treibstrom) gleich $\psi = (\frac{1}{x_{ejek}^{aus}} - 1)$ sein, wobei x_{ejek}^{aus} den Dampfgehalt am Austritt des Ejektors bezeichnet.

Generell kann das System nicht als stationär betrachtet werden, wenn $\psi \neq \frac{1}{x_{ejek}^{aus}} - 1$. Für den Fall das $\psi < \frac{1}{x_{ejek}^{aus}} - 1$ ist, fließt mehr Flüssigkeit in den Abscheider hinein als heraus, dabei steigt das Flüssigkeitsniveau im Abscheider. Um den Kreislauf stationär betreiben zu können, muss der Abscheider beheizt werden. Dies führt leider zu einem abnehmenden COP, jedoch würde der Verdichter ansonsten Flüssigkeit ansaugen und dabei Schaden nehmen. Für den Fall das $\psi > \frac{1}{x_{ejek}^{aus}} - 1$ ist, sinkt das Flüssigkeitsniveau im Abscheider ab. Dies führt dazu, dass eine Zweiphasenströmung in den Verdampfer strömt, was ebenfalls zu einem Absinken des COPs führt.

Drei andere Bilanzierungen in einem Ejektor-Kreislauf sind wichtig, um den Kreislauf simulieren zu können:

Die Bilanzierung um den Ejektor (Abbildung 3.7).

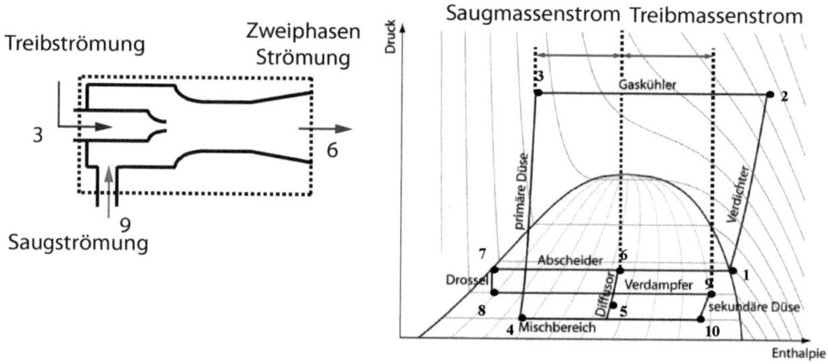

Abbildung 3.7: Bilanzierung um den Ejektor und Darstellung im Ph-Diagramm

$$\dot{m}_3 + \dot{m}_9 = \dot{m}_6 \tag{3.20}$$

$$\psi = \frac{h_6 - h_3}{h_9 - h_6} \tag{3.21}$$

Abscheider (Abbildung 3.8).

$$\psi = \frac{h_1 - h_6}{h_6 - h_7} \tag{3.22}$$

Ejektor und Abscheider (Abbildung 3.9).

$$\psi = \frac{h_1 - h_3}{h_9 - h_7} \tag{3.23}$$

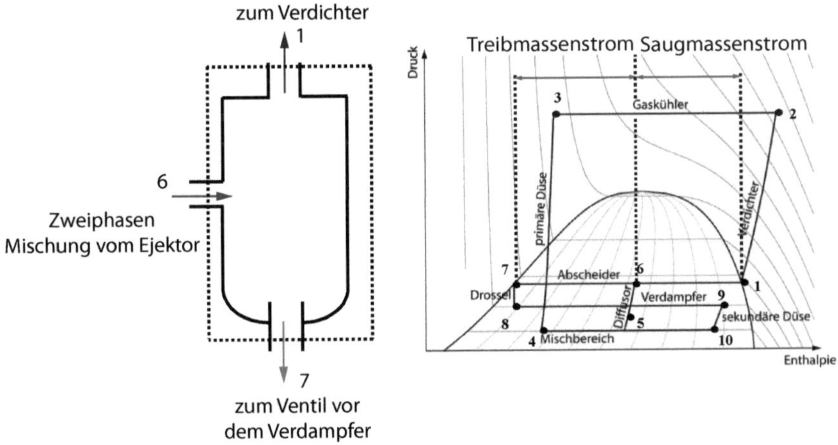

Abbildung 3.8: Bilanzierung um den Abscheider und Darstellung im Ph-Diagramm

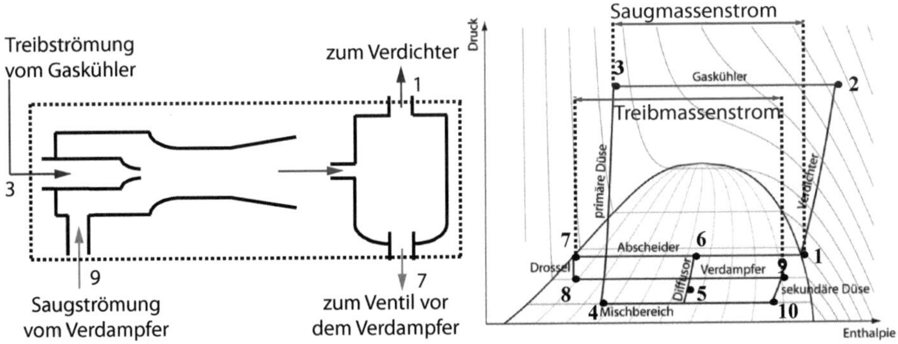

Abbildung 3.9: Bilanzierung um den Ejektor und Abscheider und Darstellung im Ph-Diagramm

3.5 Übliche Definitionen des Ejektorwirkungsgrades

In der Literatur sind viele Definitionen für die Ejektoreffizienz zu finden. Eine Zusammenfassung der üblichen Ejektorwirkungsgrade wird im Folgenden dargestellt. Infolge der Komplexität der Strömung in einem Ejektor (Verdampfungs-, Verdichtungsstoß, Phasenwechsel, Nichtgleichgewichtszustände) werden eine Reihe von Wirkungsgraden für den Ejektor angegeben, die sich aber alle hinsichtlich der Abhängigkeit von bestimmten Parametern ähneln. Trotzdem existiert bis heute keine allgemeine Übereinkunft, welcher Ansatz verwendet werden sollte, um die Effizienz des Ejektors auszuwerten. Die American Society of Mechanical Engineers [10] hat keine der publizierten Ejektoreffizienz Definitionen empfohlen. Die bislang bevorzugte Methode der numerischen Studien definiert Wirkungsgrade für die einzelnen Komponenten des Ejektors (siehe z.B. Kornhauser [47]). Während die Annahme numerischer Werte für die Komponenten-Effizienzen sehr bequem ist, wird es umso schwieriger, diese belastbar zu messen, um die Gesamt-Ejektoreffizienz zu berechnen. Aufgrund der möglichen thermischen Ungleichgewichteffekte in der Mischkammer sind die entsprechenden Werte der spezifischen Enthalpien sehr schwierig genau zu messen.

Cunningham [19] präsentierte eine Ejektoreffizienzdefinition in 1974 bei der ASME. Die Effizienz basiert auf dem Verhältnis zwischen der gewonnenen Verdichtungsenergie des Saugstromes und der dissipierten Energie des Treibstromes. Hierbei wird die Verdichtung des Saugstromes als isotherm angenommen.

Matsuo [61] definiert die Ejektoreffizienz von einem Luft-Ejektor als das Verhältnis von Pumpenarbeit für die isentrope Verdichtung des Sekundärstroms zu der Arbeit der isentrope Expansion des Primärstroms. Da sein Ejektor nur mit Luft arbeitet, wendet Matsuo die isentrope Beziehungen für ideales Gas an.

Butrymowicz [16] gibt eine andere Definition für die Ejektoreffizienz. Seine Effizienz ist das Verhältnis der Verdichtungsenergie der Gasphase bei konstanter Temperatur zu der Energie des isochoren Pumpens der antreibenden Flüssigkeit. Dabei sind die Annahmen von isothermer Verdichtung des Sekundärstroms und isochorer Entspannung des Primärstroms nicht für alle Ejektoren gültig. Die gleiche Definition wird auch von Henzler [38] benutzt.

Akagi [6] schrieb in seiner Publikation, dass die Effizienz des Ejektors bestimmt werden kann, wenn man die Beziehung zwischen Saugmassenstrom und Druckabfall vom Ejektoraustritt bis zum Saugdüseneintritt kennt. Allerdings muss eine Düseneffizienz gegeben werden.

Ksayer [23] führte in sein Modell eine so genannte Flächeneffizienz ein. Die Flächeneffizienz hängt von dem Fluid und den Parametern des Ejektors ab. Sie bestimmt den effektiven Querschnitt der Mischkammer. Zum Bestimmen der Flächeneffizienz benötigt er jedoch den Kältemitteldruck am Austritt der Treibdüse. Eine exakte Messung dieses Drucks erfordert einen hohen apparativen Aufwand.

Die in dieser Arbeit verwendete Ejektoreffizienz η_{ejek} wurde erstmals von Köhler

[43] definiert. Die Ejektoreffizienz wird unabhängig von anderen Kreislaufkomponenten definiert und kann durch einfache Messungen bestimmt werden. Grundlage der Effizienz-Definition ist ein Analogiemodell (Abbildung 3.10). Der Ejektor wird als 'Black Box' betrachtet. Über die Vorgänge in seinem Innerem ist nichts bekannt. Es ist nur die Reaktion an den Austritten aufgrund einer Veränderung der Bedingungen an den Eintritten von außen sichtbar.

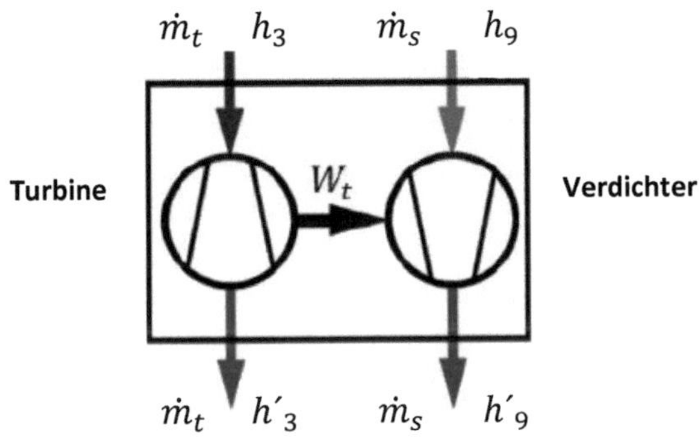

Abbildung 3.10: Analogiemodell des Ejektors

Im Analogiemodell wird der Treibstrom $\dot{m}_t$ durch eine Turbine vom Hochdruckniveau des Gaskühlersdrucks auf das mittlere Druckniveau des Verdichtersaugdrucks entspannt und gleichzeitig der Saugstrom $\dot{m}_s$ durch einen Verdichter vom Verdampferdruckniveau ebenfalls auf dem mittlere Druckniveau des Verdichtersaugdrucks komprimiert. Die gedachte Entspannung und Verdichtung sind im p,h-Diagramm in Abbildung 3.11 dargestellt. Die von der Turbine gewonnene Arbeit W_t wird vom Verdichter genutzt, um den Saugstrom zu verdichten. Die Turbine und der Verdichter besitzen die isentropen Effizienzen η_T bzw. η_V:

$$\eta_T = \frac{h_3 - h`_3}{h_3 - h`_{3isen}} \tag{3.24}$$

$$\eta_V = \frac{h`_{9isen} - h_9}{h`_9 - h_9} \tag{3.25}$$

Die Effizienzen η_T und η_V sind von den spezifischen Enthalpien h_3 bzw. h_9 am Eintritt in den Ejektor und den spezifischen Enthalpien $h`_3$ bzw. $h`_9$ am Austritt aus dem Ejektor abhängig. Die spezifischen Enthalpien $h`_{3isen}$ und $h`_{9isen}$ würden am

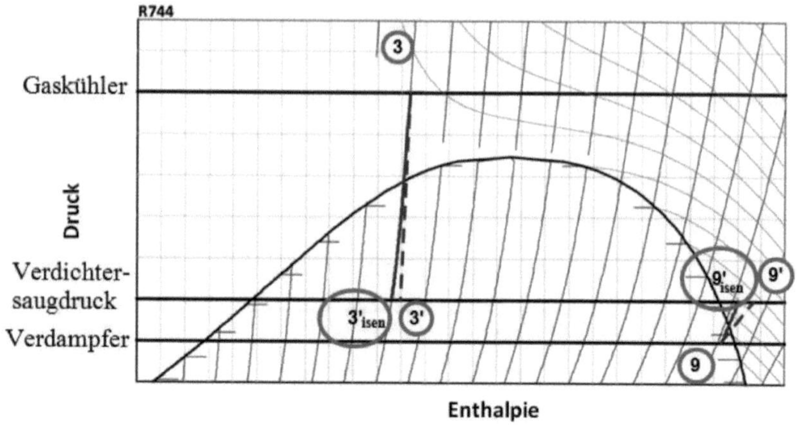

Abbildung 3.11: Analogiemodell des Ejektors im Ph-Diagram

Austritt der Turbine bzw. des Verdichters vorliegen, falls diese isentrop arbeiten. Die Ejektoreffizienz η_{ejek} ergibt sich aus dem Produkt der beiden Einzeleffizienzen wie folgt:

$$\eta_{ejek} = \eta_T . \eta_V \tag{3.26}$$

$$\eta_{ejek} = \frac{h_3 - h'_3}{h_3 - h'_{3isen}} . \frac{h'_{9isen} - h_9}{h'_9 - h_9} \tag{3.27}$$

Wendet man die Energiebilanz auf ein Kontrollvolumen um den Ejektor an, so folgt:

$$\frac{\dot{m}_s}{\dot{m}_t} = \psi = \frac{h_3 - h'_3}{h'_9 - h_9} \tag{3.28}$$

Wird diese Beziehung für das Massenstromverhältnis ψ in Gleichung 3.26 eingesetzt, folgt:

$$\eta_{ejek} = \frac{\dot{m}_s}{\dot{m}_t} . \frac{h'_{9isen} - h_9}{h_3 - h'_{3isen}} \tag{3.29}$$

Der gleiche Ausdruck für Ejektoreffizienz wurde von Elbel [32] und Nakagawa [65] benutzt, obwohl die Herleitung von Ebel sich von der hier dargestellten unterscheidet. Takeuchi [87] und Ozaki [67] benutzten ähnliche Näherungen um die Ejektoreffizienz zu definieren, allerdings beziehen beide die Effizienz auf das Unterdruckniveau des Ejektors. Leider ist ihren Publikationen nicht zu entnehmen, ob sie diesen Druck gemessen oder als Parameter gesetzt haben.

Kapitel 4

Experimentelle Untersuchungen

Im vorangegangenen Kapitel wurden die theoretischen Untersuchungen vom Ejektor-Kältekreisläufen sowie ihre möglichst beste Anwendung in tropischen Gebieten präsentiert. Hiervon ausgehend wurde in dieser Arbeit mit Hilfe eines vorhandenen Prüfstandes experimentelle Untersuchungen unter tropischen Randbedingungen durchgeführt. Die experimentellen Untersuchungen sollen die praktische Umsetzbarkeit des neu entwickelten Kreislaufkonzepts belegen.

Als erstes wird die Verschaltung der Versuchsanlage anhand einer Verschaltungsskizze des Prüfstands erläutert. Außerdem werden der Gesamtkreislauf, die einzelnen Komponenten des Ejektor- Kältekreislaufes sowie die verwendete Meßtechnik und Messverfahren vorgestellt. Mit Hilfe des Prüfstandes sind umfangreiche stationäre Kreislaufuntersuchungen bei unterschiedlichen Betriebspunkten für verschiedene entwickelte Szenarien durchzuführen. Die Ergebnisse sind Grundlage für die Validierung der numerischen Berechnungen und sollen zum physikalischen Verständnis und zur Optimierung der Einzelkomponenten herangezogen werden. Eine Untersuchung des Druckverlaufs entlang eines Ejektors wird theoretisch und experimentell durchgeführt. Anschließend wird eine Diskussion zu dem Einfluß der physikalischen Parameter auf die Ejektoreffizienz durchgeführt.

4.1 Verschaltungsskizze des Prüfstands

Die Versuchsanlage ist nach dem Schema aus Kapitel 1.3.1 des neu entwickelten Ejektor-Kältekreislaufs aufgebaut (Abbildung 4.1). Abbildung 4.2 zeigt die Komponenten des Kreislaufs in einer Verschaltungsskizze des Prüfstands. Mit Hilfe des aufgebauten Prüfstandes können Randbedingungen und Leistungen für tropische Gebiete eingestellt werden. Auf der Hochdruckseite kam ein Wasser-Gaskühler zum Einsatz. Der Verdampfer ist als Wasser/Glykol-CO_2-Rohrbündelwärmeübertrager ausgeführt. Um eine die Messergebnisse verfälschende Blasenbildung im Massenstrommessgerät des Sekundärkreislaufs zu verhindern, wird das Kältemittel nach dem Ausströmen aus dem Abscheider unterkühlt. Zusätzlich wurde ein Verdichter-Bypass in den Kreislauf integriert. Dadurch kann der Hochdruck auch bei kleinen Treibmassenströmen eingestellt werden. Eine elektrische Heizung an dem Dampfausgang vom Abscheider schützt den Verdichter vor dem Ansaugen von zweiphasigem CO_2. Der Prüfstand wurde entworfen, um Arbeitspunkte mit überfülltem Abscheider zuzulassen. Die Masse des Kältemittels im Abscheider wird mit einer Waage bestimmt. Ein Ölrückführung wird verwendet, um sicherzustellen, dass das Öl zum Verdichter zurückgebracht wird.

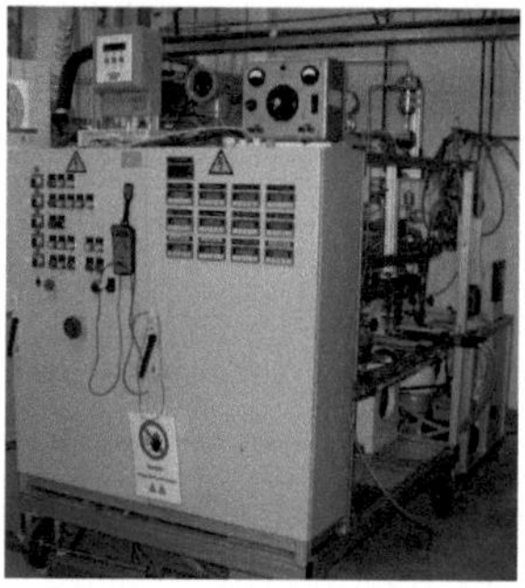

Abbildung 4.1: Foto des Ejektor-Prüfstands, der am IfT aufgebaut wurde

4.2 Aufbau der Anlage

Im folgenden Abschnitt werden die verschiedenen Komponenten der Versuchsanlage vorgestellt.

4.2.1 Wärmeübertrager

Die Einstellung der CO_2 Austrittstemperatur des Gaskühlers erfolgt mit Hilfe eines Plattenwärmeübertragers. Der Wärmeübertrager wird von einem Wasser-Ethylenglycolgemisch mit einem massenbezogenem Mischungsverhältnis von 50:50 im Kreuz-Gegenstrom durchströmt.

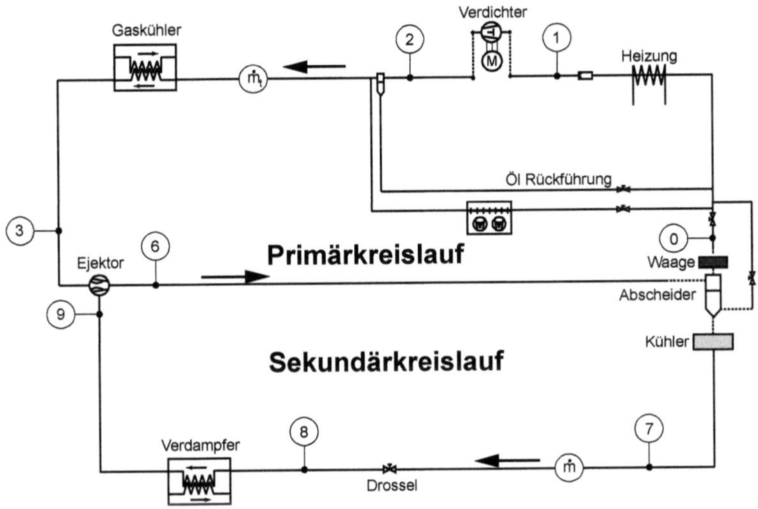

Abbildung 4.2: Verschaltungsskizze des Prüfstands

Gaskühler

Auf der Hochdruckseite kommt ein Wasser-Ethylenglycolgemisch-CO_2 Wärmeübertrager der Firma Klimal als Gaskühler zum Einsatz. Der Mantelraum wird mit Wasser-Ethylenglycolgemisch und das Innenrohr mit Kältemittel durchströmt. Die Wärmeübertragung zwischen den beiden Medien erfolgt im Gegenstrom. Charakteristische Werte sind in Tabelle 4.1 aufgeführt.

Geometrische Größe			Einheit
Rohr-Anordnug	koaxial		
	Mantel	Rohr	
Volumen	0,96	0,66	l
Max. Druck	20	130	bar
Max. Leistung	8		kW

Tabelle 4.1: Charakteristische Werte des Gaskühlers

Verdampfer

Auf der Niederdruckseite kommt ein Wasser-Ethylenglycolgemisch-CO_2-Koaxial-Wärmeübertrager der Firma Klimal als Verdampfer zum Einsatz. In der Wasser-Ethylenglycolgemischseite ist ein Heizkreislauf angebaut.

4.2.2 Drossel

Ein mechanisches Ventil der Firma Parker vom Typ PBT mit Spindel Typ R wird als Expansionsorgan zwischen den Abscheider und den Verdampfer nach dem Kühler eingesetzt. Dieses wird normalerweise benutzt, wenn lediglich eine Auf/Zu Funktion gewünscht wird. Die 30° Spitze verhindert schädliche Druckstöße beim anfänglichen Öffnen des Ventils. Der Öffnungsgrad lässt sich manuell einstellen, wodurch der Druck bzw. die Überhitzung des Kältemittels am Austritt des Verdampfers geregelt werden kann.

4.2.3 Verdichter

Im Prüfstand kommt ein CO_2 Verdichter der Firma Obrist vom Typ C 99-06-03 zum Einsatz. Hierbei handelt es sich um einen Schwenkscheibenverdichter. Charakteristische Werte sind in Tabelle 4.2 aufgeführt.

Größe	Wert	Einheit
Schwenkwinkel	11,42	GRAD
Hubvolumen	33,76	cm^3
Max. Drehzahl	6000	rpm/min
Max. Saugdruck	70	bar
Max. Hochdruck	140	bar

Tabelle 4.2: Kenngrößen des Verdichters Obrist C 99-06-03

4.2.4 Abscheider

Abbildung 4.3 zeigt den am IfT entwickelten Abscheider [88]. Der Abscheidevorgang beruht auf der Ausnutzung der Zentrifugalkraft. Das in den Abscheider eintretende zweiphasige CO_2 wird durch das Strahlrohr auf eine kreisförmige Bahn gezwungen. Die dichtere flüssige Phase wird durch die Zentrifugalkraft nach außen gedrückt und bildet an der Abscheiderwand einen Film. Aufgrund der Schwerkraft fließt der sich bildende Flüssigkeitsfilm an der Abscheiderwand nach unten. Die gasförmige Phase wird von der Zentrifugalkraft nicht so stark nach außen gedrückt, sammelt sich im mittleren Teil des Abscheiders und wird vom Verdichter nach oben abgesaugt. Dabei durchströmt sie das durch die Trennscheiben ausgebildete Labyrinth, in dem mitgerissene CO_2-Tropfen abgeschieden werden.

Abbildung 4.3: Darstellung der Konstruktion und der Umsetzung des Abscheiders mit Glaswandung

4.2.5 Ejektor

Zunächst wurde am IfT ein Ejektor konstruiert und gebaut. Der Ejektor wurde für eine Wärmepumpeanwendung ausgelegt. Die Austrittstemperatur des Gaskühlers wurde zwischen 20 und 25°C angenommen, bei einem Druck von 95 bar. Die Gaskühlerleistung wurde auf 4 bis 5 Kilowatt und der Verdampferdruck auf 37 bis 40 bar eingestellt. Ein treibender Massenstrom im Ejektor von ungefähr 0,04 kg/s wird eingestellt, um die Heizenergie zu erhalten. Die Ejektorauslegung wurde mit den Ergebnissen der Kreisanalyse für diesen Arbeitspunkt kalibriert. Abbildung 4.4 zeigt den Ejektorentwurf in einer Querschnittsansicht.

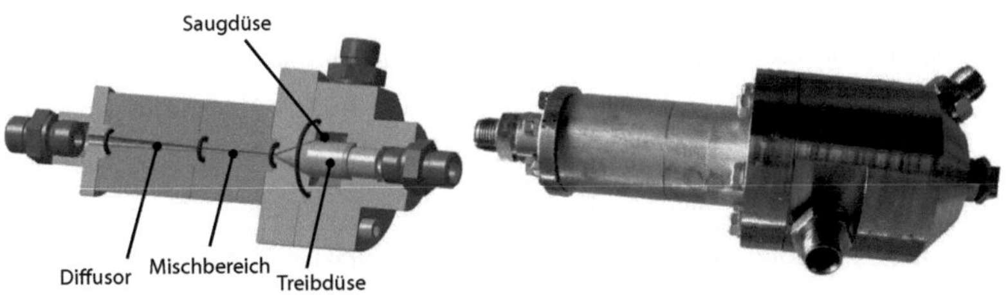

Abbildung 4.4: Ouerschnittsansicht des am IfT entworfenen Ejektors

4.3 Messtechnik

Im Folgenden werden die Messverfahren beschrieben. Jeweils Druck und Temperatur werden an den in der schematischen Darstellung in Abbildung 4.2 mit Punkten markierten Stellen gemessen. Ziel ist die Kältemittelzustände für die Bilanzierung zu bestimmen. Die zentrale Datenerfassung wird mit dem Messwerterfassungssystem des Typs NI SCXI der Firma National Instruments durchgeführt. Sämtliche Messdaten werden als Spannungssignal erfasst und über USB an die Datenerfassungssoftware LabVIEW übertragen. Das Auslesen der Messwerte erfolgt mit einer Abtastrate von 1Hz. Im Postprocessing werden die Signale den einzelnen physikalischen Messstellen zugeordnet und umgerechnet.

Temperaturmessung

Auf der Kältemittelseite werden PT-100 als Temperatursensoren verwendet, die in Abhängigkeit der Temperatur ihren Widerstand ändern. Die Temperaturabhängigkeit des elektrischen Widerstands von Platin wird für die Temperaturbestimmung genutzt. Der elektrische Widerstand erzeugt einen zu jeder Temperatur eindeutigen Spannungsabfall in einem Gleichstromkreis. Die Messgenauigkeit der PT-100 wird im Abhängigkeit vom Messwert 'T' in °C mit ±(0,30 + 0,005·T(°C)) bestimmt.

Am Eingang und Ausgang auf der Wasserseite des Verdampfers erfolgte die Temperaturmessung über Typ-K Mantelthermoelemente. Die Messgenauigkeit der Thermoelemente selbst wird mit ± 1,1 K angegeben.

Druckmessung

Der Druck des Kältemittels wird mit acht Messstellen nach Abbildung 4.2 über Drucksensoren der Firma Baumer gemessen. Die Drucksensoren wurden über Kapillarrohre an die verschiedenen Messstellen des Kältekreislaufs angeschlossen. Die Sensoren der Niederdruckseite haben einen Messbereich von bis zu 100 bar mit entsprechenden Messfehlern von $\pm 0,5\%$ vom Endwert. An der Hochdruckseite wurden Sensoren mit einem Messbereich von bis zu 160 bar und Messfehlern von $\pm 0,5\%$ vom Endwert. Mit dem Ziel, den Druckverlauf im Ejektor zu messen, wurden zusätzlich entlang des Mischrohrs und des Diffusors an 7 verschiedenen Stellen Drucksensoren mit einem Messbereich bis 60 bar und Messfehler von $\pm 0,15\%$ vom Endwert eingebaut (siehe Abbildung 4.9).

Massenstrommessung

Für die Messung der Massenströme werden zwei Coriolismassenstrommessgeräte verwendet. Ein Coriolissensor für den Primärkreislauf befindet sich zwischen Gaskühler und Verdichter nach dem Bypass und ist von der Firma Rheonik. Der mit diesem Sensor maximal messbare Massenstrom beträgt 0,33 kg/s bei einem Fehler von $\pm 0,05\%$ vom Endwert. Das Massenstrommessgerät für den Sekundärkreislauf befindet sich zwischen dem Abscheider und dem Verdampfer nach dem Kühler und ist von der Firma Micro Motion. Der mit diesem Sensor maximal messbare Massenstrom beträgt 0,3 kg/s bei einem Fehler von $\pm 0,1\%$ vom Endwert. Im Gegensatz zu einer Anordnung hinter dem Verdampfer ermöglicht die Anordnung des Massenstrommessgerätes nach dem Abscheider eine Messung des Massenstroms auch wenn das Kältemittel aus dem Verdampfer im zweiphasigen Zustand austritt.

Zur Leistungsbilanzierung wurde der Wasservolumenstrom durch den Verdampfer über ein magnetisch-induktiven Volumenstromsensor von der Firma Krohne gemessen. Die Genauigkeit beträgt hierbei $\pm 0,15\%$ vom Endwert.

In Tabelle 4.3 sind noch einmal alle relevanten Daten der eingesetzten Messtechnik zusammengefasst dargestellt.

Messgröße, Messprinzip	Messbereich	relativer Fehler	absoluter Fehler
Temperatur			
Thermoelement Typ K	-40°C...+250°C	0,4%[1]	$\pm 1,1K^1$
RTD PT-100	-70°C...+250°C	0,05%[1] v.M	$\pm 0,15K^1$
Druck			
Metall-Dünnfilm-DMS	0...160bar		$\pm 0,5\%$
Metall-Dünnfilm-DMS	0...100bar		$\pm 0,5\%$
Metall-Dünnfilm-DMS	0...60bar		$\pm 0,15\%$
CO_2-Massenstrom			
Coriolis-Kraft	0...0,33 kg/s	$\pm 0,05\%$ v.M	
Coriolis-Kraft	0...0,3 kg/s	$\pm 0,1\%$ v.M	
Wasser-Volumenstrom			
Magnetisch-Induktiv	0...0,5l/s	$\pm 0,15\%$ v.M	

[1] der größere Wert gilt, für die Messungen hier also der absolute Fehler
v.E.: vom Endwert v.M.: vom Meßwert

Tabelle 4.3: Messtechnik: Sensoren und erwartete Messgenauigkeit

4.4 Experimentelle Ergebnisse

Hinsichtlich der Strömungsvorgänge in einem Zwei-Phasen Ejektor findet man keine ausführlichen theoretischen und experimentellen Übersichtsartikel in der Literatur. Im vorliegenden Abschnitt werden die wichtigsten Grundlagen für die Beschreibung des

Strömungsverlaufes in einem Ejektor dieser Art dargestellt. Anschließend wird ein Vergleich zwischen dem theoretischen und dem experimentellen Druckverlauf im Ejektor durchgeführt.

4.4.1 Druckverlauf entlang eines Ejektors

Die Strömungen im Ejektor werden getrennt untersucht. Der Treib-, Saug- und Mischstrom wird in jeder Komponente des Ejektors analysiert.

Strömung entlang der Treibdüse

Die Treibdüse kann lediglichen einen konvergenten Teil besetzen (kurze Düse), oder einen konvergenten und divergenten Teil haben (Laval Düse). Bei einer kurzen Düse, wenn die Strömung auf kritische Geschwindigkeit beschleunigt wird, wird im engstem Strömungsquerschnitt Schallgeschwindigkeit erreicht. Es wird oft angenommen, dass kein Phasenwechsel in Folge der hohen Stömungsgeschwindigkeit in der Düse auftritt. Eine weitere Steigerung der Geschwindigkeit kann nur am Austritt der Düse stattfinden. Bei der Laval Düse sinkt der Druck unter kritischen Strömungsbedingungen wegen der Erweiterung des Querschnitts hinter dem engstem Querschnitt weiter ab und die Strömung kann Überschallgeschwindigkeit erreichen. Dabei können Stoßwellen entstehen.

Strömung nach der Treibdüse

Das aus dem Gaskühler kommende Kohlendioxid wird in der Treibdüse bis zum Punkt 4 (siehe Abb. 1.3) entspannt und beschleunigt. Wenn bestimmte Druckdifferenzen $p_{ein}^{treib} - p_{ein}^{saug}$ und Treibmassenströme überschritten werden, entsteht ein Unterdruck nach der Treibdüse (Saugkammer) [38]. In diesem Fall kann der Treibstrahl infolge von Flash-Verdampfung zerfallen, was zu einer weiteren Druckabsenkung führen würde. Die Treibstromgeschwindigkeit nimmt zu und erreicht gegebenenfalls Überschallgeschwindigkeit. Zudem ist bekannt, dass bereits geringe Dampfvolumenanteile in einem überwiegend in flüssiger Form vorliegenden Zweiphasenstrom eine starke Reduzierung der Schallgeschwindigkeit gegenüber den Werten des einphasigen, flüssigen Zustands bewirken [91]. Daher können bei wesentlich kleineren Strömungsgeschwindigkeiten als bei Einphasenströmungen Verdichtungsstöße auftreten. Eine Verzögerung der Geschwindigkeit infolge von Stößen ist stromabwärts wegen Nichtgleichgewichtszuständen zu erwarten.

Saugstrom

Der Sekundärstrom wird durch die Druckdifferenz und der durch den Treibstrahl erzeugten Turbulenz angesaugt. Gleich nach dem Austritt der Treibdüse bildet sich eine dünne Scherschicht zwischen Treib- und Saugstrom infolge der erheblichen Geschwindigkeitsunterschiede. Die Länge und Breite der Scherschicht ist stark von den Eintrittsbedingungen des Treibstromes abhängig. Der Saugstrom wird bis zum fiktiven engsten Querschnitt im Mischbereich beschleunigt (siehe Abbildung 4.5). Der Sekundärstrom ist durch die Wand des Ejektors und die Scherschicht begrenzt. Da die Schallgeschwindigkeit (bei hohem Dampfvolumenanteil) mit steigendem Dampfvolumenanteil zunimmt, ist möglicherweise in dem fiktiven engsten Querschnitt keine Schallgeschwindigkeit zu erwarten. Infolge der Turbulenz und des Impulsaustausches zwischen Treib- und Saugstrom wird der Saugstrom beschleunigt und der Treibstrom gebremst.

Mischbereich

Die Vermischung beider Strömungen ist mit einer relativen Druckerhöhung verbunden. Eventuelle Stoßwellen können auftreten. Der Ort der plötzlichen Druckerhöhung wird durch die Betriebsvariablen und die Geometrie des Ejektors bestimmt. Bei richtige dimensionierten Ejektoren soll nach Henzler [38] der wesentliche Druckanstieg am Ende des Mischrohrs abgeschlossen sein und nahezu homogenes Zweiphasengemisch vorliegen.

Diffusor

Im Diffusor wird die Strömung verdichtet und dabei die Geschwindigkeit bis zum Punkt 6 verzögert. Der so erzielte Druckrückgewinn (Differenz zwischen Verdichteransaugdruck, Punkt 1 und Verdampferaustrittsdruck Punkt 9, siehe Abb. 1.2) verkleinert das Druckverhältnis, das der Verdichter zu überwinden hat und reduziert so die benötigte Verdichterantriebsleistung. Außerdem wird der Verdichter mit kleineren Temperaturen am Ansaug und Austritt arbeiten. Dieses führt zusammen mit der kleineren Verdichterantriebsleistung dazu, dass der Verdichter höhere Wirkungsgrade aufweist.

Abbildung 4.5 zeigt eine Zusammenfassung von den Strömungszuständen in einem Zwei-Phasen-Ejektor.

Die Messung des Druckverlaufs entlang der Strömung im Ejektor ist von großer Bedeutung, da sie viele Informationen für die Modellierung und das physikalische Verständnis der Strömung liefert. In vielen Ejektormodellen, wie z.B. in dem von

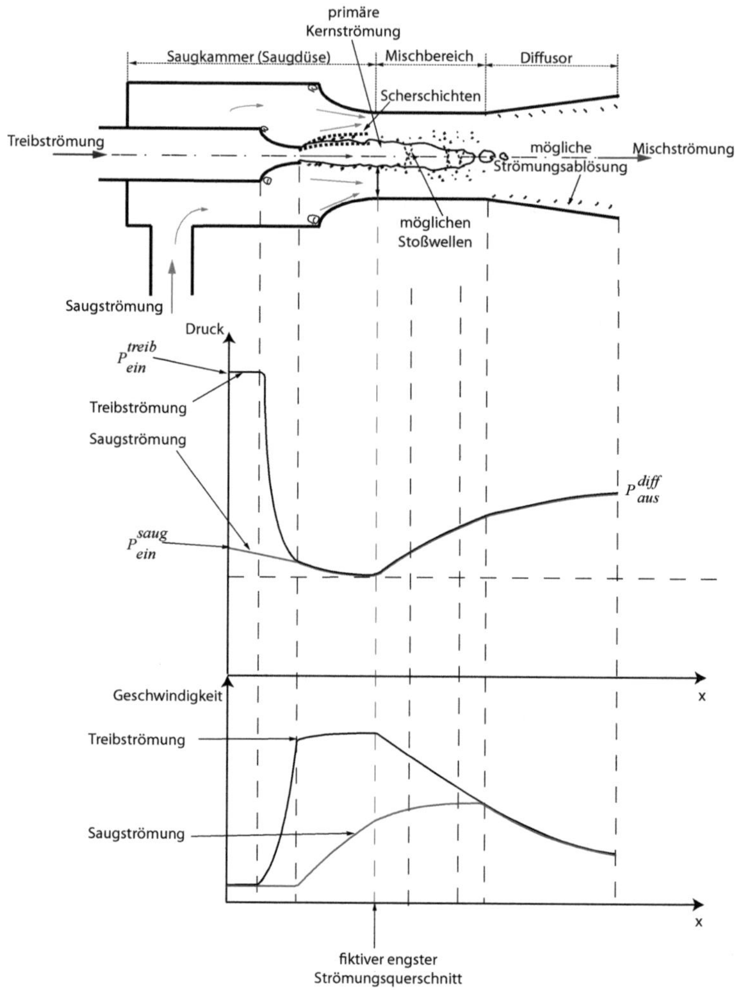

Abbildung 4.5: Strömungszustände in einem Zwei-Phasen-Ejektor

Kornhauser [47], wird der Druck im Mischbereich als konstant angenommen. Weiterhin sind in anderen Arbeiten, z.B. in der von Elbel [32], Untersuchungen zu Verdichtungsstößen in der Strömung im Ejektor durchgeführt worden, die genauere Aussagen über die Strömungsverhältnisse im Ejektor erlauben.

Für die eigenen Messung des Druckverlaufs wurden entlang des Mischrohrs und des Diffusors Bohrungen mit einem Innendurchmesser von 0,8 mm angebracht, durch die die Drucksensoren mit dem Strömungskanal unmittelbar verbunden sind. Bei den durchgeführten Messungen wurde der Verdampfungsdruck und die Überhitzung (10 K) konstant gehalten. Die Temperatur am Austritt des Gaskühlers wurde variiert. Der Hochdruck p_3 und der mittlere Druck am Abscheider p_6 wurden für diese Bedingungen angepasst. Abbildung 4.6 zeigt für die gemessenen Betriebspunkte die Abhängigkeit zwischen Massenstromverhältnis ($\psi = \frac{\dot{m}_s}{\dot{m}_t}$) und Druckgewinn definiert als Differenz zwischen dem Druck am Austritt des Ejektors und dem Druck am Eintritt der Saugdüse (p_6-p_9).

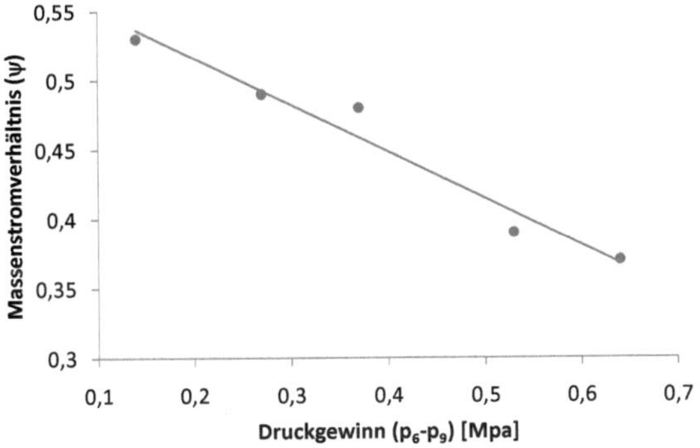

Abbildung 4.6: Die Relation zwischen dem Massenstromverhältnis und Druckgewinn im Ejektor (eigene Messung)

Abbildung 4.7 zeigt im oberen Teil eine Zeichnung des Ejektors. Die Positionen der Bohrungen im Strömungskanal, an denen jeweils der Druck gemessen wird, sind durch die vertikal gestrichelten Linien gekennzeichnet. Im Diagramm darunter ist mit gleicher Skalierung auf der horizontalen Achse die Länge x und auf der vertikalen Achse der Druck aufgetragen. Abbildung 4.8 zeigt ein Foto von dem gemessenen Ejektor mit den Drucksensoren.

Im Verlauf der Strömung durch den Ejektor steigt der Druck im Mischrohr infolge der Vermischung an. Danach steigt der Druck im Diffusor bis zum Austrittsdruck weiter an. Die Messergebnisse bestätigen den Druckverlauf, der schon in der Abb. 4.5 diskutiert wurde. Weiterhin zeigen die Resultate, dass am Eintritt des Mischrohres ein Druck herrscht, der um 1-3 bar geringer ist als der Verdampferaustrittsdruck. Der Druckgewinn (p_6-p_9) wird unter anderem vom Strömungsquerschnitt des Regelventils bestimmt. Eine Vergrößerung des Querschnitts bewirkt, dass die kinetische Energie des Treibstroms dazu genutzt wird, einen größeren Massenstrom durch den Verdampfer zu saugen, wodurch sich die Druckdifferenz (p_6-p_9) verringert. Wie man in Abbildung 4.7

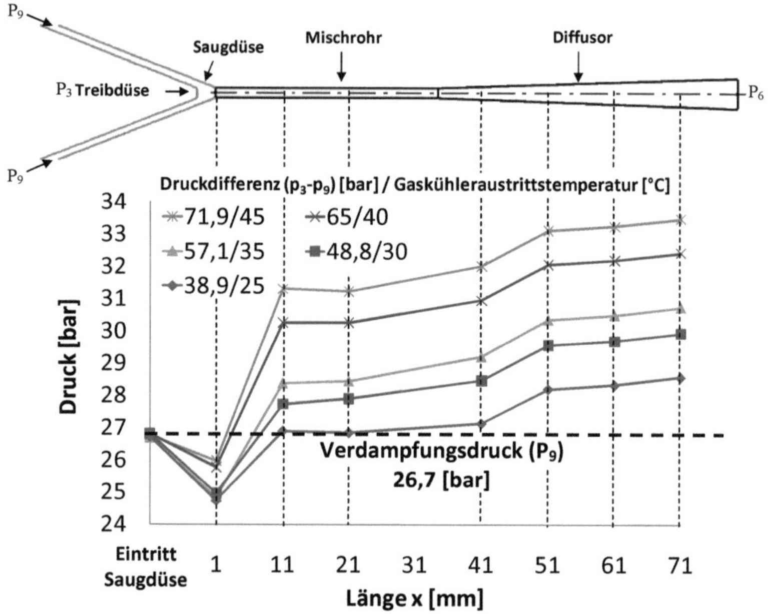

Abbildung 4.7: Druckverlauf im Ejektor

Abbildung 4.8: Druckmessung am Ejektor

erkennen kann, wird der Druckgewinn (p_6-p_9) auch von der Druckdifferenz (p_3-p_9) beeinflusst. Je höher (p_3-p_9) ist, desto höher sind die Geschwindigkeit und die kinetische Energie des Treibstrahls und desto höher wird (p_6-p_9), ähnliche Ergebnisse wurden von Nakagawa [65] vorgestellt. Am Austritt strömt das CO_2 bei dem mittleren Druck p_6

aus dem Ejektor aus. Das Ansteigen des Druckes im ersten Strömungsabschnitt und am Anfang des Diffusors wurde unter anderem in der Arbeit von Elbel [32] untersucht. Elbel vermutet, dass die Druckerhöhungen durch Verdichtungsstöße verursacht werden. Die Lage der Verdichtungsstöße hängt wie vorher beschrieben von der Geometrie und den Eintrittsbedingungen im Ejektor ab.

4.4.2 Ejektoreffizienz

In Kapitel 3.5 wurde die Ejektoreffizienz selbst ausführlicher analysiert und diskutiert. Die in Kapitel 3.5 abgeleitete Ejektoreffizienz wird basierend auf experimentellen Daten berechnet. Ziel dieses Kapitels ist die Untersuchung des Einflußes von typischen physikalischen motivierten dimensionslosen Kenngrößen auf die Effizienz des Ejektors.

Drescher [27] publizierte in seiner Arbeit, dass das Massenstromverhältnis 'ψ', das Saugdruckverhältnis '$\frac{p_6}{p_9}$' und die Ejektoreffizienz 'η_{ejek}' die Schlüsselparameter für die thermodynamische und hydraulische Evaluation eines Zwei-Phasen Ejektors ist. Das Massenstromverhältnis und das Saugdruckverhältnis sollen so groß wie möglich sein, um den Ejektor effizient betreiben zu können. Ein hohes Massenstromverhältnis bedeutet für eine bestimmte Kälteleistung weniger Verdichtermassenstrom und ein hohes Saugdruckverhältnis bedeutet ein geringeres Verdichterdruckverhältnis. Beide Effekte haben einen positiven Einfluß auf die Effizienz des Gesamtkreislaufes. Elbel [29] hat in seinen experimentellen Untersuchungen gezeigt, dass das Massenstromverhältnis 'ψ' und das Saugdruckverhältnis eine gegenläufige Tendenz haben. Der Ejektor kann einen großen Massenstrom mit einen geringen Saugdruckverhältnis fördern oder umgekehrt. Dieser sogenannte 'Trade-off' wurde auch im Rahmen dieser Arbeit nachgewiesen (siehe Abbildung 4.9).

Die gleichen Messpunkte wurden wie bei Elbel [29] in einen 3D-Graph dargestellt (siehe Abbildung 4.10). Dabei ist zu bemerken, dass die höchsten Ejektoreffizienzen für den Fall von durchschnittlichen Massenstromverhältnissen und Saugdruckverhältnissen erreicht wurden. Allerdings wurden bis lang keine Funktionen für die Ejektoreffizienz im Abhängigkeit von physikalischen Parameter gefunden, die eine akzeptable Übereinstimmung mit experimentellen Ergebnissen aufweisen.

Im Fokus der vorliegenden Arbeit stand das Herausarbeiten von Korrelationen, die die gemessene Ejektoreffizienz und/ oder das Massenstromverhältnis abhängig von physikalischen Parameter wiedergibt.

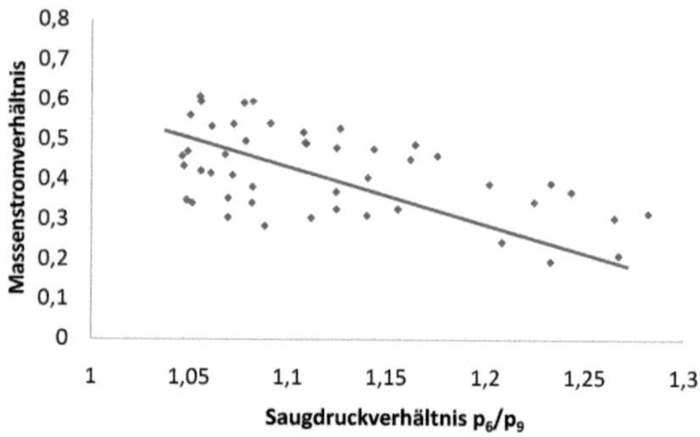

Abbildung 4.9: Verhältnis zwischen 'ψ' und dem Saugdruckverhältnis in einem R744-Ejektor für verschiedene Randbedingungen

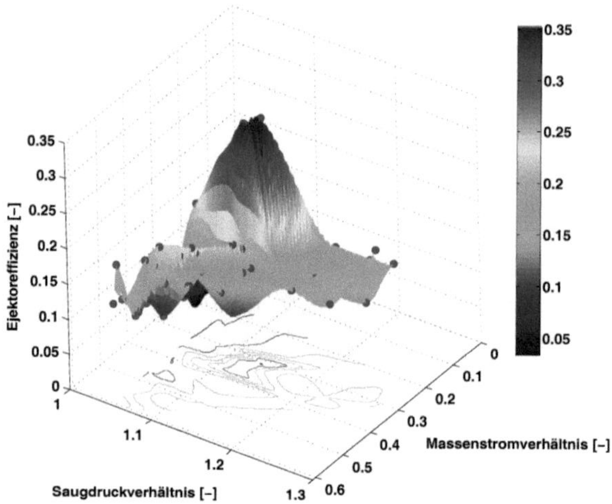

Abbildung 4.10: 3-D Darstellung der Ejektoreffizienz über Massenstrommverhätnis und Saugdruckverhältnis in einem R744-Ejektor für verschiedene Randbedingungen

Abbildung 4.11 zeigt eine empirische Korrelation zwischen Ejektoreffizienz und Betriebsverhalten. Die Indizes s und t stehen für die Zustände am Eintritt der Saug- und Treibdüse. A_s ist die Differenz zwischen den Querschnitt des Mischkanals und den engsten Querschnitt der Treibdüse. Die Gleichungen 5.1 und 5.2 zeigen, dass α in Relation zu einer typischen Druckdifferenz steht. Für den Fall von α_t gleich der Druckdifferenz zwischen dem Eintritt der Treibdüse und dem Austritt des Ejektors $(p_t - p_D)$.Für den Fall von α_s gleich der Druckdifferenz zwischen dem Austritt des Ejektors und dem

Eintritt der Saugdüse ($p_D - p_s$). η_s und η_t sind die dynamischen Viskositäten am Eintritt der Saug- und Treibdüse. Gleichung 4.1 zeigt die Korrelation der Ejektoreffizienz. Die Funktion (Gleichung 4.1) hilft zum Verständnis von welchen Parametern die Ejektoreffizienz abhängig ist. Dabei ist zu bemerken, dass für den Auslegungsbereich (40 bar Verdampfungsdruck) Ejektoreffizienzen von bis zu ca. 35% gemessen wurden. In der Literatur wird bis lang von keinen gemessenen Ejektoreffizienzen in dieser Höhe berichtet.

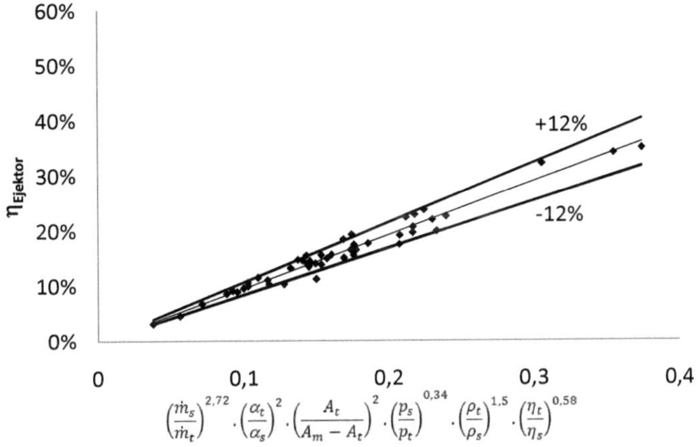

Abbildung 4.11: Empirische Korrelation zwischen Ejektoreffizienz und Betriebsverhalten

$$\eta_{ejek} = 0,96 * [(\frac{\dot{m}_s}{\dot{m}_t})^{2,72}(\frac{\alpha_t}{\alpha_s})^2(\frac{A_t}{A_m - A_t})^2(\frac{p_s}{p_t})^{0,34}(\frac{\rho_t}{\rho_s})^{1,5}(\frac{\eta_t}{\eta_s})^{0,58}] - 0,001 \qquad (4.1)$$

Abbildung 4.12 zeigt die Abhängigkeit zwischen den Massenstromverhältnis ψ und dem Verhältnis zwischen dem Entspannungsdruck (p_t-p_D) und Druckgewinn (p_D-p_s),mit dem Indiz D als Austritt des Diffusors, und das Verhältnis zwischen Viskositäten und Dichten jeweils am Eingang der Treib- und Saugdüse. Die Korrelation zeigt eine starke Abhängigkeit zwischen dem Massenstromverhältnis und dem Verhältnis von Entspannungsdruck und Druckgewinn sowie dem Viskositätsverhältnis.

$$0,467 * [(\frac{p_t - p_D}{p_D - p_s})(\frac{p_s}{p_t})^{0,02}(\frac{\rho_s}{\rho_t})^{0,5}(\frac{\eta_s}{\eta_t})](\frac{\dot{m}_s}{\dot{m}_t})^2 - \frac{\dot{m}_s}{\dot{m}_t} + 0,291 = 0 \qquad (4.2)$$

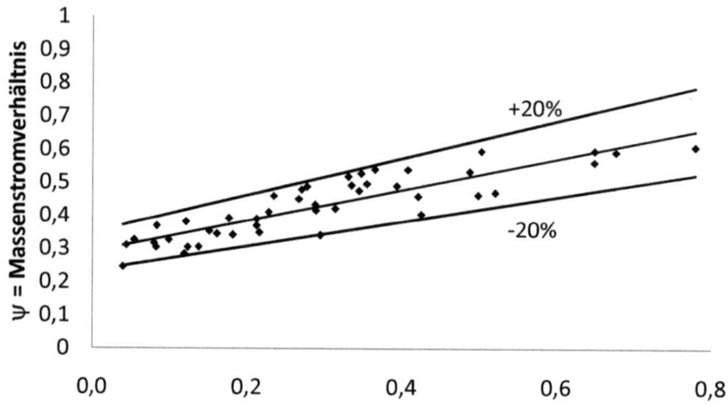

$$\left(\frac{\dot{m}_s}{\dot{m}_t}\right)^2 \cdot \left(\frac{p_t - p_D}{p_D - p_s}\right) \cdot \left(\frac{p_s}{p_t}\right)^{0,02} \cdot \left(\frac{\rho_s}{\rho_t}\right)^{0,5} \cdot \left(\frac{\eta_s}{\eta_t}\right)$$

Abbildung 4.12: Empirische Korrelation zwischen Massenstromverhältnis und Betriebsverhalten

Da in der Ejektoreffizienz auch das Masenstromverhältnis ψ eingeht, besteht eine gewisse lineare Abhängigkeit zwischen rechter und linker Seite von Gl.(4.1). In den weiteren angeführten Relationen sind diese linearen Abhängigkeiten nicht gegeben.

Das Massenstromverhältnis wurde mit dem Verhältnis der isothermen volumenbezogenen Verdichtungsarbeit des Saugstromes, (e_{Verd}) und der volumenbezogenen Dissipationsenergie des Treibstromes (e_{Exp}) (siehe Gleichung 4.3), sowie dem Verhältnis der Drücke am Eintritt der Saug- und Treibdüse ($\frac{p_s}{p_t}$) und dem Verhältnis zwischen den Ohnesorgezahlen (Oh) vom Treib- und Saugdüse (siehe Gleichung 4.4) korreliert.

$$\frac{e_{Verd}}{e_{Exp}} = \left(\frac{p_s ln \frac{p_D}{p_s}}{p_t - p_D}\right) \tag{4.3}$$

Die Ohnesorgezahl [46] beschreibt das Verhältnis der Zähigkeitskräfte zu den Oberflächenkräften und ist definiert als das Verhältnis der Wurzel der Weberzahl (We) zu der Reynoldszahl (Re)[49]. Die Ohnesorgezahl wird für die Charakterisierung verschiedener Formen des Strahlzerfalls von Freistrahl und Flash-Verdampfung angewendet [52]. Die Weberzahl ist das Verhältnis von Trägheitskräften zu den durch die Oberflächenspannung bedingten Kräften. Die Reynoldszahl beschreibt das Verhältnis von Trägheitskräften zu den Zähigkeitskräften.

$$Oh = \frac{Zähigkeitskräfte}{\sqrt{Trägheitskräfte\ Oberflächenkräfte}} = \frac{\sqrt{We}}{Re} = \frac{\eta}{\sqrt{\rho \sigma L}} \tag{4.4}$$

$$We = \frac{Trägheitskräfte}{Oberflächenkräfte} = \frac{\rho c^2 L}{\sigma} \tag{4.5}$$

$$Re = \frac{Trägheitskräfte}{Zähigkeitskräfte} = \frac{\rho c L}{\eta} \tag{4.6}$$

$$(\frac{Oh_t}{Oh_s}) = \frac{\sqrt{We_t}}{Re_t}\frac{Re_s}{\sqrt{We_s}} = \frac{\eta_t}{\sqrt{D_t \rho_t \sigma_t}}\frac{\sqrt{D_s \rho_s \sigma_s}}{\eta_s} \tag{4.7}$$

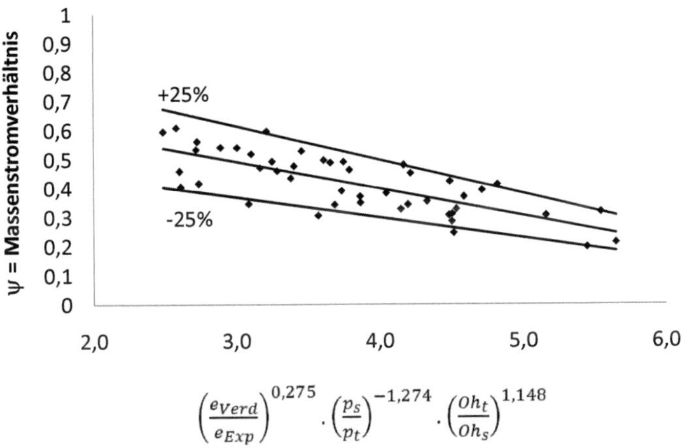

Abbildung 4.13: Empirische Korrelation für das Massenstromverhältnis in Abhängigkeit von dem Verhältnis der volumenbezogenen Verdichtungsarbeit (e_{Verd}) und der volumenbezogenen Dissipationsenergie des Treibstromes, sowie dem Verhältnis der Drücke am Eintritt der Saug- und Treibdüse ($\frac{p_s}{p_t}$) und dem Verhältnis zwischen den Ohnesorgezahlen (Oh) vom Treib- und Saugdüse

Gleichung 4.8 zeigt die neue Korrelation nach dem Massenstromverhältnis aufgelöst. Es ist erkennbar, dass sich bei steigendem Druck am Austritt des Gaskühlers das Massenstromverhältnis erhöht. Außerdem sinkt das Massenstromverhältnis mit steigenden Druckgewinn (Druckdifferenz zwischen dem Eintritt der Saugdüse und dem Austritt des Ejektors) ab. Die Kurve spiegelt den erwarteten Verlauf wider, der auch von Nakagawa [65] gezeigt wurde.

$$\psi = \frac{\dot{m}_s}{\dot{m}_t} = -0,093 * [(\frac{e_{Verd}}{e_{Exp}})^{0,275}(\frac{p_s}{p_t})^{-1,274}(\frac{Oh_t}{Oh_s})^{1,148}] + 0,771 \tag{4.8}$$

Abbildung 4.14 zeigt die neue Korrelation für die Ejektoreffizienz mit dem Verhältnis zwischen der volumenbezogenen isotherme Verdichtungsarbeit des Saugstromes, (e_{Verd}) und der volumenbezogenen Dissipationsenergie des Treibstromes (e_{Exp})(siehe Gleichung 4.3), sowie dem Verhältnis zwischen dem Druck am Eintritt der Saug- und Treibdüse ($\frac{p_s}{p_t}$) und dem Verhältnis zwischen den Ohnesorgezahlen (Oh) vom Treib- und Saugdüse. Gleichung 4.9 zeigt die neue Korrelation nach der Ejektoreffizienz aufgelöst.

$$\eta_{ejek} = 1,5426 * [(\frac{e_{Verd}}{e_{Exp}})^{0,768}(\frac{p_s}{p_t})^{0,416}(\frac{Oh_t}{Oh_s})^{0,336}] + 0,0023 \quad (4.9)$$

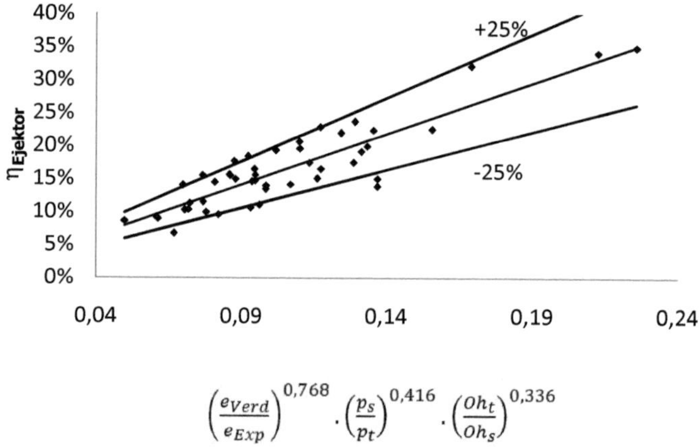

Abbildung 4.14: Empirische Korrelation für die Ejektoreffizienz in Abhängigkeit von dem Verhältnis zwischen der volumenbezogenen Verdichtungsarbeit (e_{Verd}) und der volumenbezogenen Dissipationsenergie des Treibstromes (e_{Exp}), sowie dem Verhältnis zwischen den Drücken am Eintritt der Saug- und Treibdüse ($\frac{p_s}{p_t}$) und dem Verhältnis zwischen den Ohnesorgezahlen (Oh) vom Treib- und Saugdüse

In Abbildung 4.15 und 4.16 ist zu sehen, wie die Messdaten von Nakagawa [65] durch die neue empirische Korrelation wiedergegeben werden. In der Arbeit von Nakagawa wurden Messdaten mit drei verschieden Ejektorgeometrien vorgestellt. Die Gleichungen 4.10 und 4.11 zeigen die empirische Korrelation nach dem Massenstromverhältnis und nach der Ejektoreffizienz aufgelöst mit neuen optimierten Koeffizienten.

Die von Nakagawa [65] verwendeten Geometrien unterscheiden sich wesentlich von der der eigenen Messung. Trotzdem gelingt es, mit der neuen vorgeschlagenen Korrelation alle Messergebnisse mit befriedigenden Genauigkeit wiederzugeben.

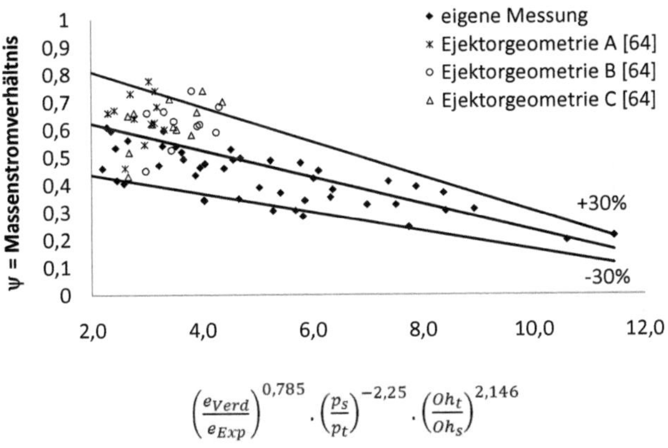

Abbildung 4.15: Empirische Korrelation für das Massenstromverhältnis mit eigenen Messdaten und denen von Nakagawa [65]

$$\psi = \frac{\dot{m}_s}{\dot{m}_t} = -0,0486 * [(\frac{e_{Verd}}{e_{Exp}})^{0,785}(\frac{p_s}{p_t})^{-2,25}(\frac{Oh_t}{Oh_s})^{2,146}] + 0,7184 \tag{4.10}$$

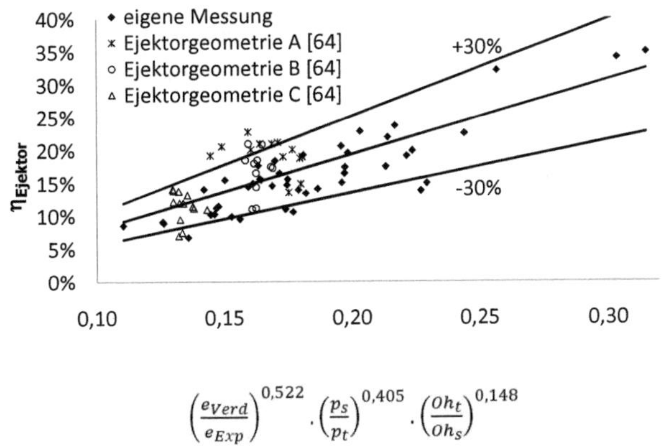

Abbildung 4.16: Empirische Korrelation für die Ejektoreffizienz mit eigenen Messdaten und denen von Nakagawa [65] zusammen.

$$\eta_{ejek} = 1,1326 * [(\frac{e_{Verd}}{e_{Exp}})^{0,522}(\frac{p_s}{p_t})^{0,405}(\frac{Oh_t}{Oh_s})^{0,148}] - 0,0327 \tag{4.11}$$

Kapitel 5

Simulation

Aufgrund des bedeutenden Einfluss´ des Treibstroms auf die Ejektoreffizienz wird in Kapitel 5 die Strömung in der Treibdüse mit Hilfe von CFD-Simulationen untersucht. Zuletzt werden die Simulationsergebnisse mit Messdaten verglichen.

5.1 CFD-Untersuchung der Strömung an der Treibdüse

Für die Auslegung eines Ejektors ist zunächst das Design der Treibdüse und damit die Festlegung des Treibmassenstroms von Bedeutung. Es wurde einen CFD-Model für die Treibdüse entwickelt, um damit einfache abschätzende Untersuchungen durchzuführen.

Der Massenstrom $\dot{m}_t$, der durch die Treibdüse strömt, ist neben dem Austrittsdruck insbesondere abhängig von den Eintrittsbedingungen, die durch Druck und Temperatur am Gaskühlerausgang festgelegt sind. Der Geometrieparameter, der einen großen Einfluss auf den Massenstrom besitzt, ist der kleinste effektive Strömungsquerschnitt in der Treibdüse entlang der Strömung. Abbildung 5.1 zeigt schematisch die Strömungsverhältnisse in einer Düse.

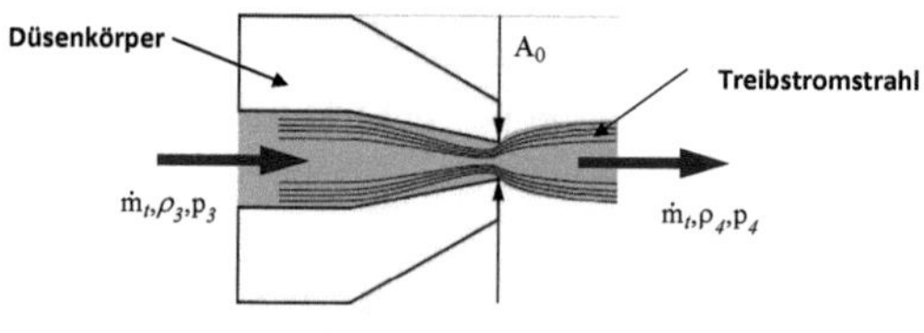

Abbildung 5.1: Strömungsverhältnisse in der Treibdüse.

Der Treibstrom tritt in die Treibdüse im Zustand 3 (vgl. Abbildung 1.2 und 1.4) ein ($\dot{m}_t$,ρ_3,p_3) und im Zustand 4 (vgl. Abbildung 1.3 und 1.4)($\dot{m}_t$,ρ_4,p_4), der nicht im thermodynamischen Gleichgewicht ist, als Strahl wieder aus. Mit der zunehmenden Querschnittsverengung entlang der Treibdüse steigt die Geschwindigkeit in der Strömung. Dem Treibstrom steht nicht der gesamte geometrische Querschnitt A_0 für das Durchströmen der Treibdüse zur Verfügung, sondern nur ein effektiver Strömungsquerschnitt A_{eff}.

Nach Wein [91] kann bei der Drosselung stark unterkühlter Fluide in das Zweiphasengebiet durch kurze Düsen angenommen werden, dass aufgrund der sehr kurzen Zeitspanne kein Phasenwechsel stattfindet. Die vorhandene Düse wurde dahingehend untersucht, ob diese Annahme gilt.

Für die Berechnung des Massenstroms wird folgende Strömungsbeziehung herangezogen:

$$\dot{m}_t = A_{eff}\sqrt{2\rho_3(p_3 - p_4)} \tag{5.1}$$

Diese Beziehung wird z.B. von Touber [90] für die Berechnung des Druckabfalls in Düsen in Anlehnung an die Gleichung für die Durchflussmessung an Blenden DIN ISO 5167 [5] verwendet. Der Koeffizient A_{eff} lässt sich aus dem geometrischen Querschnitt A_0 wie folgt berechnen:

$$A_{eff} = \alpha\varepsilon A_0 \tag{5.2}$$

Darin berücksichtigt der Strömungskoeffizient α die Effekte, die durch Strömungskontraktion Einfluss auf die Strömung haben. Der Expansionskoeffizient ε berücksichtigt die Effekte, die durch die Kompressibilität verursacht werden. Da die Kompressibilität des unterkühlten Fluides gering ist, wird aufgrund des angenommen verzögerten Phasenwechsels angenommen, dass $\varepsilon = 1$ gilt.

Der Massenstrom kann mit dieser einfachen Beziehung nur hinreichend genau für diejenigen Eintrittsbedingungen bestimmt werden, für die ein aus Messdaten bestimmtes α nahe 1 ist. Das aus den Messergebnissen bestimmte α ist für verschiedene Randbedingungen im Diagramm in Abbildung 5.2 dargestellt.

Für die Berechnung von α muss der Druck p_4 am Austritt der Treibdüse bekannt sein. Der Druck ist kleiner als der Verdampfungsdruck $p_4 < p_9$ am Austritt der Treibdüse. Es wurde angenommen, dass der Druck p_4 am Austritt der Treibdüse zwei bar kleiner ist als der Verdampfungsdruck ($p_9 - 2bar$).

Aus dem Diagramm ist ersichtlich, dass die Berechnung des Massenstroms mit dem einfachen Ansatz nach Bernoulli für eine Eintrittstemperatur $T_3 = 20°C$ hinreichend genau ist und nicht vom Hochdruck p_3 abhängig ist. Bei Eintrittstemperaturen $T_3 = 30°C$ ist eine Berücksichtigung eines hockdruckabhängigen Strömungskoeffizienten erforderlich. Insbesondere bei geringeren Eintrittstemperaturen ist aufgrund der Ergebnisse davon auszugehen, dass Siedeverzug auftritt und somit im Düsenquerschnitt noch keine Blasen auftreten.

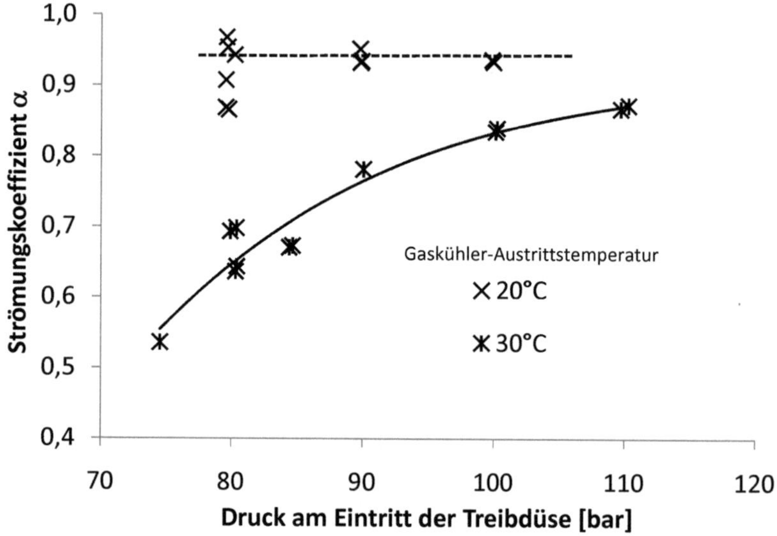

Abbildung 5.2: Strömungskoeffizient α in Abhängigkeit des Druckes am Eintritt der Saugdüse.

CFD-Modellierung

Basierend auf diesem Erkenntnissen wurde eine Strömungsanalyse an der Treibdüse mit Hilfe der CFD-Software Fluent [4] durchgeführt. Der CO_2-Treibstrahl wurde als inkompressible Strömung betrachtet.

Zur Entwicklung des CFD-Modells wurde zuerst die Geometrie der Treibdüse festgelegt und mit Hilfe des Gittersgenerators Gambit ein achsensymmetrische zweidimensionales Gitter generiert. Das Gitternetz ist eine Kombination eines quadratischen strukturierten Gitter (für den Eingang) und eines dreieckigen unstrukturierten Gitter. Zu besseren Voraussage der Strömung wurde eine Grenzschicht an den Wänden der Düse mit einem Wachstumfaktor von 1,1 eingeführt, wobei insgesamt 20 Reihen verwendet wurden. Der erste Punkt des Gitters hat eine Hohe von 9,077E-4 Millimeter

[4; 3]. Siehe Abbildung 5.3. Mit 552472 Zellen wurde eine gitterunabhängige Lösung erzielt.

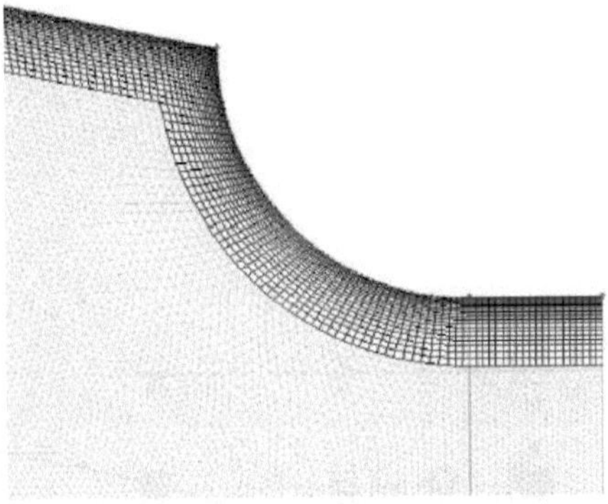

Abbildung 5.3: Ausschnitt des Gitters an engstem Querschnitt der Düse.

Als Randbedingungen wurde der statische Druck am Ein- und Austritt der Düse festgelegt. Die Wände wurden als adiabat betrachtet. Die Turbulenzintensität wurde mit 2% am Eintritt und 5% am Austritt der Düse festgelegt [4]. Die Strömung wurde als stationär 2D sowohl inkompressibel als auch kompressibel, unter Verwendung des getrennten Lösers (Segregated) und des standard k-ϵ Turbulenzmodells, modelliert. Die CO_2-Dichte wurde für den inkompressibleren Fall als konstant angenommen, und für den kompressibelen Fall wurde ideales Gas verhalten angenommen.

Alle Eingangswerte für die Randbedingungen und die Grenzschichtwerte wurden berechnet, in dem die Standardgleichungen verwendet wurden, die durch Fluent vorgegeben werden. Eine weitere Beschreibung der Gleichungen findet man im Anhang 1.1.

Abbildung 5.4 zeigt einen Vergleich zwischen dem aus Messdaten berechneten Strömungskoeffizient und dem mit CFD-Modell berechneten α. Die Ergebnisse zeigen bei einer Eintrittstemperatur von 20°C eine Abweichung von 10%. Für Eintrittstemperaturen von 30°C und einem Eintrittsdruck von unter 90 bar spielen Kompressibilitätseffekte jedoch eine große Rolle, die durch diese einfache CFD-Berechnung nicht abgebildet wurden können.

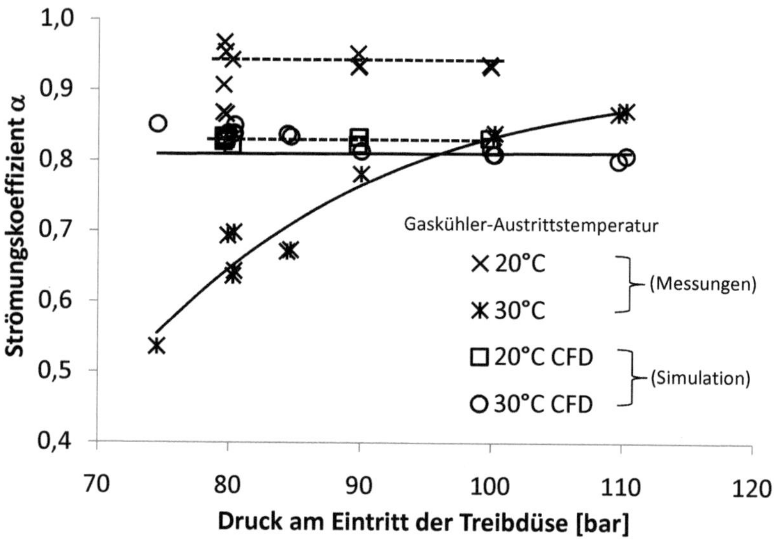

Abbildung 5.4: Vergleich zwischen dem aus Messdaten berechneten Strömungskoeffizient und dem mit CFD-Modell berechneten α. Die Ergebnisse zeigen bei einer Eintrittstemperatur von 20°C eine Abweichung von etwa 10%. Für Eintrittstemperaturen von 30°C und einem Eintrittsdruck von unter 90 bar treten größere Abweichung durch Kompressibilitätseffekte auf.

Kapitel 6

Anwendung der Simulation

Die 1-D Kreislaufsimulationen bestehen aus Zwei Teilen. In ersten Teil werden unter verschiedenen Betriebsbedingungen auf eine Auswahl von Kältemitteln Kreislaufrechnungen durchgeführt. Hierbei wird die Ejektoreffizienz konstant auf dem Wert 30% gesetzt, um das Potential für die Energieeffizienzverbesserung aufzuzeigen. In zweiten Teil werden dann Berechnungen unter Verwendung der neuen empirische Korrelation aus Kap. 4.4.2 vorgestellt und diskutiert.

Im Teil eins wurden Kreislaufsimulationen für Kühltruhen im Bereich der Normalkühlung durchgeführt. Als Referenzanlage wurde eine Kühltruhe, wie im Kapitel 2.4.3 beschrieben, ausgewählt. Ziel der Simulationen war es einen ersten energetischen Vergleich zwischen verschiedenen Kältemitteln (R22, R134a, R410A, R404A, R290, R600a, R507A und R744 mit und ohne Ejektor) im Einsatz unter tropischen Randbedingungen zu bekommen und eine Abschätzung des Einsparpotentials zu erhalten.

6.1 Gegenüberstellung von CO_2-Ejektor- und konventionellen Kältekreisläufen

Die Gegenüberstellung der Kältekreisläufe erfolgt durch dem Vergleich zwischen herkömmlichen Kältekreisläufen und einer Ejektor-Kälteanlage. Wie die Messungen der Ejektoreffizienz in Kapitel 5.4 (Abbildung 5.18) gezeigt haben, wies der am IfT gefertigte Ejektor eine Effizienz von bis zu 35% auf. Um das Verbesserungspotential aufzuzeigen wird im Folgenden für die Simulationen eine Ejektoreffizienz von konstant 30% angenommen.

Folgende vereinfachte Annahmen liegen bei den verwendeten Modellen zugrunde:

- Keine Überhitzung am Austritt des Verdampfers

- Keine Druckabfälle
- Keine instationären Effekte

Für die einzelnen Komponenten wurde mit folgenden Annahmen gerechnet:

Verdichter:

Das verwendete Simulationsmodell für den Verdichter bildet eine Abhängigkeit zwischen Verdichter-Druckverhältnis, -wirkungsgrad und -drehzahl ab und basiert auf Messungen von Försteling [35].

Die Verdichterkennlinien wurden in das Simulationsprogramm in Form eines effektiven Liefergrads und isentropen Wirkungsgrads integriert. Die untersuchte Kühltruhe hat einen Verdichter mit konstanter Drehzahl von 25Hz. Für jedes Kältemittel wurde das Verdichter-Hubvolumen unter den gemessenen Bedingungen (20°C Umgebungstemperatur und 540W Verdichterleistung) ausgelegt. Die so ermittelten Hubsvolumina des Verdichters sind in der Tabelle 6.1 zusammengestellt.

Kältemittel	R134a	R22	R410A	R404A	R290	R600a	R507A	CO_2	Einheit
Hubvolumen	50,97	30,16	19,23	26,90	33,64	95,98	25,86	5,3	[cm^3]

Tabelle 6.1: Vorgaben für die Simulation des Verdichters

Maciel [60] zeigte, dass CO_2-Verdichter im Vergleich zu R134a einen bis zu 30% höheren Wirkungsgrad aufweisen können. Der Wirkungsgrad eines Verdichters ist von Temperatur und Verdichterdruckverhältnis abhängig. Dabei ist eine Verbesserung des Verdichterwirkungsgrads bei kleineren Verdichtertemperaturen und kleineren Verdichterdruckverhältnissen zu erwarten. Im Vergleich zu den anderen Kältemitteln wird der isentrope Wirkungsgrad für CO_2 um 20% höher (siehe Abbildung 6.1) angenommen.

Kondensator und Gaskühler:

Angesichts der besseren Wärmeübertragungseigenschaften bei der transkritischen Wärmeabgabe wurde die Temperatur am Austritt des Gaskühlers um 2K höher als die Umgebungstemperatur angenommen und um 7K höher als die Umgebungstemperatur am Austritt des Kondensators für die unterkritische Wärmeabgabe.

Expansionsorgan:

In der Simulation wurden die Expansionsventile als isenthalp betrachtet.

Verdampfer:

Wegen der durch der besseren Transporteigenschaften vom CO_2 wurde die Verdampfungstemperatur für den CO_2-Kältekreislauf auf -8°C und für die anderen Kälte-

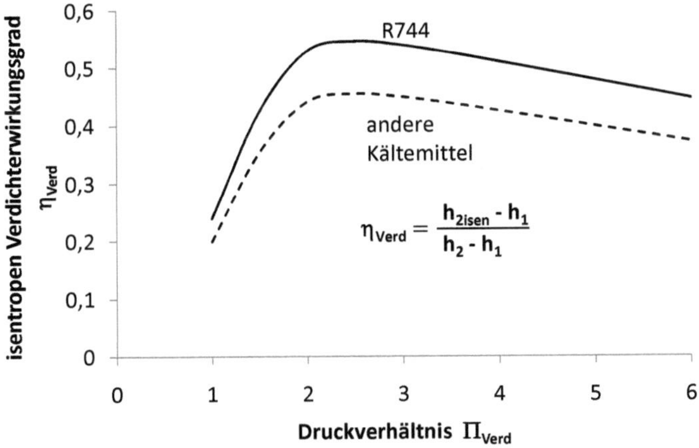

Abbildung 6.1: Isentroper Wirkungsgrad des Verdichters in Abhängigkeit des Verdichtungsverhältnis.

mittel auf -10°C eingestellt. Alle anderen Parameter wurden für die sieben verschiedenen Kältemittel gleich gehalten.

Kälteleistungsbedarf:

Der Kälteleistungsbedarf wurde für eine Umgebungstemperatur von 20°C durch Messungen bestimmt und unter Annahme eines konstanten kA-Wertes wie in der Gleichung 6.1 durch Extrapolation der Umgebungstemperatur berechnet (siehe Abbildung 6.2). Die experimentell untersuchte Kühltruhe wurde für eine maximale Umgebungstemperatur von 30°C ausgelegt. Aus diesem Grund sind die Werte des Kälteleistungsbedarfs für Temperaturen über 30°C größer als 100%.

$$\dot{Q} = k * A * \triangle T \tag{6.1}$$

In Abbildung 6.3 sind die Verdichtungsendtemperaturen am Austritt des Verdichters und in Abbildung 6.4 die Druckverhältnisse zwischen Verdichteransaugdruck und -hochdruck für die berechneten Kreisläufe in Abhängigkeit von der Umgebungstemperatur dargestellt.

In Abbildung 6.3 ist zu erkennen, dass die Nutzung eines Ejektors in einem CO_2-Kältekreislauf eine Reduzierung der Verdichtungsendtemperatur bei 30°C Umgebungstemperatur von 100°C auf 80°C bewirkt. In Abbildung 6.4 ist zu erkennen, dass das Druckverhältnis in einem CO_2-Kreislauf im Vergleich zu den anderen Kältemitteln klei-

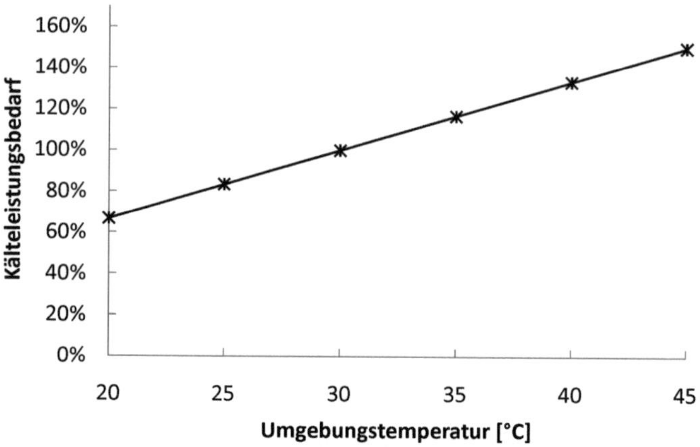

Abbildung 6.2: Abschätzung des Kälteleistungsbedarfs.

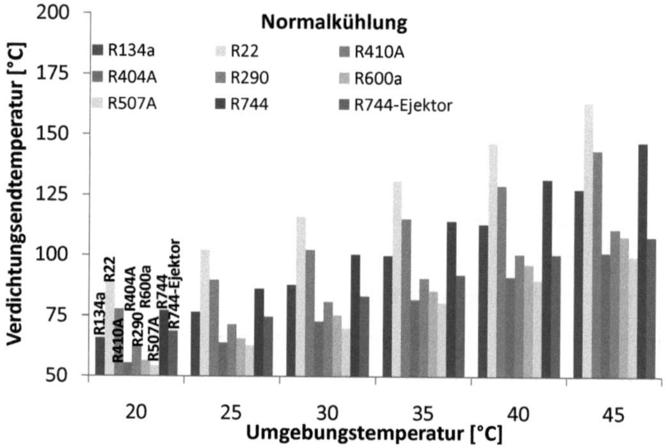

Abbildung 6.3: Verdichtungsendtemperaturen für die berechneten Kreisläufe in Abhängigkeit der Umgebungstemperatur

ner ist. Darüberhinaus reduziert die Nutzung eines Ejektors in Verbindung mit CO_2 als Kältemittel das Druckverhältnis im Verdichter um circa 30%. Wie oben beschrieben verbessert sich dadurch der isentrope Verdichterwirkungsgrad.

Der Ejektor-Kreisprozess wurde gemäß Kapitel 4.1 (Abb.4.2) ohne inneren Wärmeübertrager modelliert und berechnet. Auch der Standard-Kälteprozess wurde ohne innere

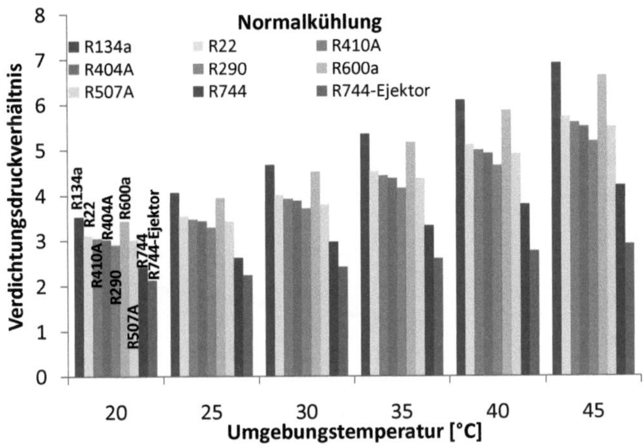

Abbildung 6.4: Druckverhältnisse für die berechneten Kreisläufe in Abhängigkeit der Umgebungstemperatur

Wärmeübertrager umgesetzt, da Kühlmöbel heutzutage üblicherweise ebenfalls keinen inneren Wärmeübertrager besitzen.

Weiterhin wurden Simulationen für den CO_2-Ejektor-Kältekreislauf mit drei verschiedenen Ejektoreffizienzen (10%, 20% und 30%) durchgeführt. Ziel war die Untersuchung des Einflusses der Ejektoreffizienz auf die Gesamtkreislaufeffizienz. Die Simulationsergebnisse zeigen, dass der COP-Gewinn mit zunehmender Umgebungstemperatur ansteigt (siehe Abbildung 6.5). Daraus folgt, dass der Einsatz eines Ejektors in einem CO_2-Ejektor-Kältekreislauf insbesondere in tropischen Gebieten sinnvoll ist.

Abbildung 6.6 zeigt den COP-Gewinn ($\frac{COP_{mitEjektor}-COP_{ohneEjektor}}{COP_{ohneEjektor}}$) für die verschiedenen untersuchten Kältemittel unter gleichen Randbedingungen. Die im Folgenden für die Simulationen benutzte Ejektoreffizienz ist konstant und gleich 30%. Der COP-Gewinn ist im Vergleich zu den anderen Kältemitteln mit CO_2 bei allen untersuchten Umgebungstemperaturen am höchsten. Aus diesem Grund erscheint der Einsatz eines Ejektors in Verbindung mit CO_2 sinnvoll.

Ein COP-Vergleich zwischen den Ejektor-Kältekreisläufen für alle Kältemittel bezogen auf den COP des Ejektors Kreisprozess mit CO_2 als Kältemittel ist in der Abbildung 6.7 zu sehen. Die Ejektoreffizienz ist konstant und gleich 30%. Wie Abbildung 2.3 (Kapitel 2.1) zeigt, liegt die Umgebungstemperatur in den tropischen Gebiet (z.B. Recife, Brasilien) zwischen 24°C und 31°C. In diesem Temperaturbereich weist der Ejektor-Kältekreislauf in Verbindung mit CO_2 im Vergleich zu den meisten anderen

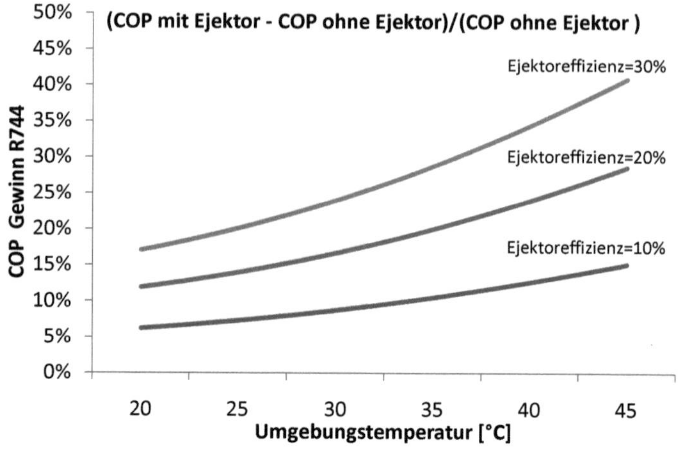

Abbildung 6.5: COP-Gewinn für den CO_2-Ejektor-Kreislauf mit drei verschiedenen Ejektoreffizienzen (10%, 20% und 30%) in Abhängigkeit von der Umgebungstemperatur

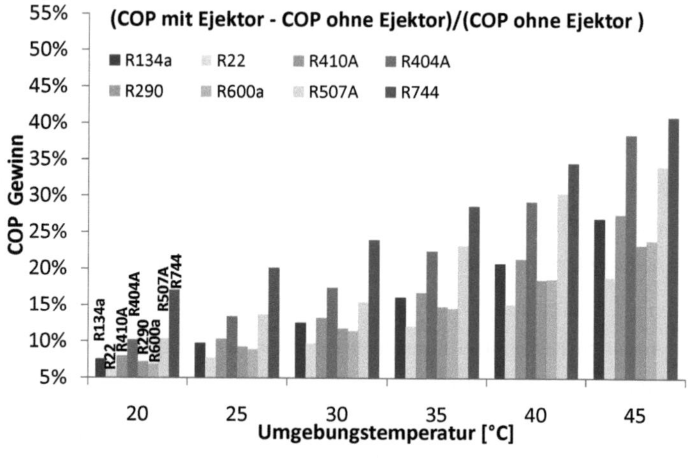

Abbildung 6.6: COP-Gewinn $(\frac{COP_{mitEjektor}-COP_{ohneEjektor}}{COP_{ohneEjektor}})$ für die untersuchten Kältemittel. Die Ejektoreffizienz ist für alle Fälle, mit 30% konstant angenommen

Kältemitteln eine bessere Effizienz auf. Eine Ausnahme bilden die Kältemittel R22, Propan und Isobutan. Allerdings ist R22 wegen Zerstörung der Ozonschichte verboten und die anderen beiden Kältemittel sind je nach Gesetz und Menge wegen ihrer Brennbarkeit nicht anwendbar.

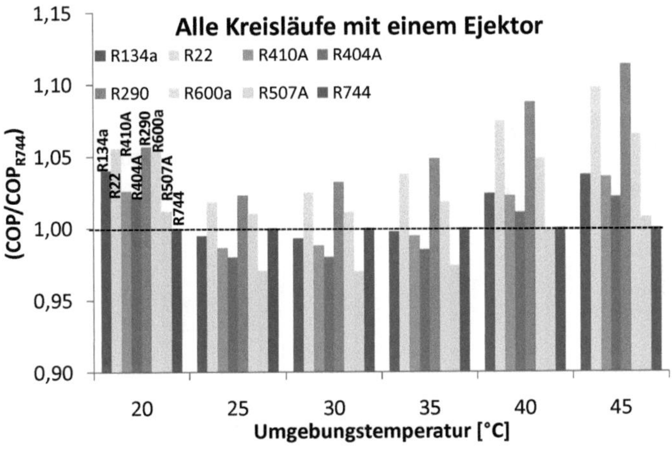

Abbildung 6.7: COP-Vergleich für die Ejektor-Kältekreisläufe bezogen auf den COP des CO_2 in Abhängigkeit der Umgebungstemperaturen

Eine Untersuchung der normierten Kälteleistung (Umgebungstemperatur 30 °C) für alle Kältemittel mit einem Ejektor ist in der Abbildung 6.8 zu sehen. Die Untersuchung zeigt, dass die Kälteleistung der herkömmlichen Kältemittel für die hohen Umgebungstemperaturen wegen der Verluste im Drosselungsprozess drastisch sinkt. Der Ejektorkreislauf in Verbindung mit CO_2 kann am Besten etwas von dieser verlorenen Energie wiedergewinnen.

Ein weiterer wichtiger Aspekt des Kältemittelvergleiches ist die Verdichterlaufzeit. Abbildung 6.9 zeigt den Verdichterlaufzeit-Vergleich für herkömmliche Kältekreisläufe mit R22, R134a, R410A, R404A, R290, R600a, R507A und CO_2 als Kältemittel (jeweils ohne Ejektor) und einen Ejektor-Kältekreislauf mit CO_2 als Kältemittel, bezogen auf die Verdichterlaufzeit des CO_2-Ejektor-Kältekreislaufes. Dabei ist zu erkennen, dass die Nutzung eines Ejektors anstelle einen Drossel zu einer Reduzierung der Verdichterlaufzeit geführt hat.

Abbildung 6.10 zeigt den COP-Vergleich für herkömmliche Kältekreisläufe mit R22, R134a, R410A, R404A, R290, R600a, R507A und CO_2 als Kältemittel (jeweils ohne Ejektor) und einen Ejektor-Kältekreislauf mit CO_2 als Kältemittel, bezogen auf den COP des CO_2-Ejektor-Kältekreislaufes. Die Ejektoreffizienz ist konstant und gleich 30%. Bei einer Umgebungstemperatur von 35°C benötigt der CO_2-Ejektor-Kältekreislauf im Vergleich zu den herkömmlichen Propan-, Isobutan- und R22-Kältekreisläufen

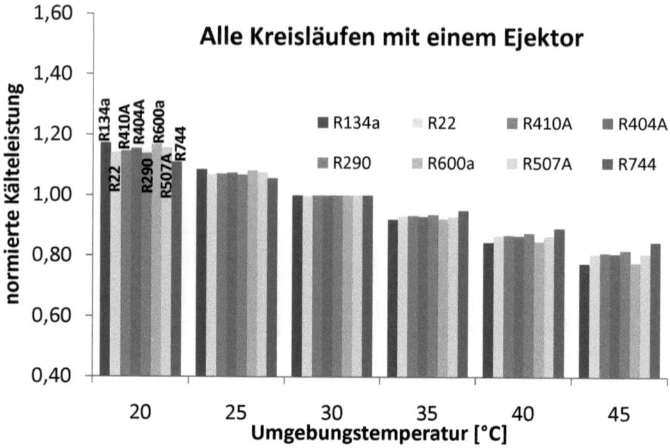

Abbildung 6.8: Vergleich der normierten Kälteleistungen der Ejektor-Kreisläufe mit R22, R134a, R410A, R404A, R290, R600a, R507A und CO_2 in Abhängigkeit der Umgebungstemperaturen

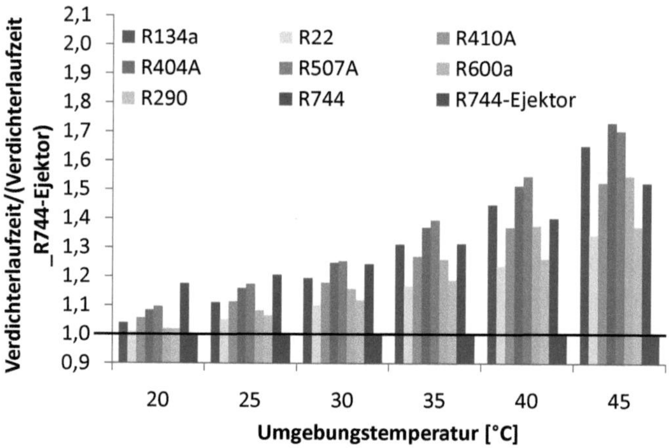

Abbildung 6.9: Verdichterlaufzeit-Vergleich für herkömmliche Kältekreisläufe mit R22, R134a, R410A, R404A, R290, R600a, R507A und CO_2 als Kältemittel (jeweils ohne Ejektor) und einen Ejektor-Kältekreislauf mit CO_2 als Kältemittel, bezogen auf die Verdichterlaufzeit des CO_2-Ejektor-Kältekreislaufes

ca. 10% weniger Energie, im Vergleich zum herkömmlichen R134a- und R410A-Kältekreislauf ca. 15% weniger Energie und im Vergleich zum herkömmlichen R507A- und R404A-Kältekreislauf ca. 20% weniger Energie.

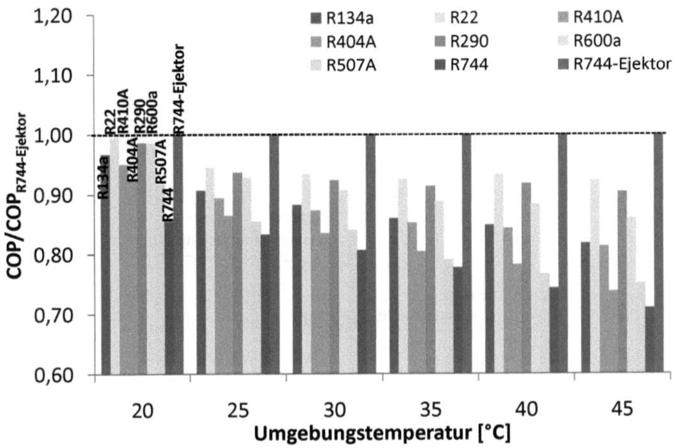

Abbildung 6.10: COP-Vergleich für die herkömmlichen Kältekreisläufe und für einen CO_2-Ejektor-Kältekreislauf bezogen auf den COP des CO_2-Ejektor-Kältekreislaufs in Abhängigkeit der Umgebungstemperaturen

6.2 Anwendung der empirischen Ejektor-Gleichung

Bis jetzt wurden die Kreislaufsimulationen im Bereich der Normalkühlung mit konstanten Ejektorwirkungsgrad durchgeführt. in diesem Kapitel werden die Simulationen mit dem gemessenen Ejektorwirkungsgrad durchgeführt. Ziel der Simulationen ist ein energetischer Vergleich zwischen der R404A-Kühltruhe (Referenzanlage, siehe Kapitel 2.4.3) und einen CO_2-Ejektor-Kältekreislauf.

Abbildung 6.11 zeigt den Verlauf von Massenstromverhältnis, Druckgewinn, Ejektoreffizienz und COP in Abhängigkeit des Druckes am Austritt des Gaskühlers bei konstanter Umgebungstemperatur von 35°C für eine Kühltruhe in Verbindung mit CO_2 als Kältemittel. Es ist ersichtlich, dass der optimale COP des Kältekreislaufes nicht dem maximalem Wert für die Ejektoreffizienz entspricht. Ähnliche Ergebnisse wurden von Nakagawa [65] präsentiert.

Abbildung 6.12 zeigt den Verlauf von Massenstromverhältnis, Druckgewinn und Ejektoreffizienz in Abhängigkeit der Umgebungstemperaturen für eine Kühltruhe in Verbindung mit CO_2 als Kältemittel. Zu erkennen ist der 'Trade-Off' zwischen Massenstromverhältnis und Druckgewinn. Die relativ niedrigen Ejektoreffizienzen sind aufgrund des herrschenden Verdampfungsdrucks von 40 bar zu erklären.

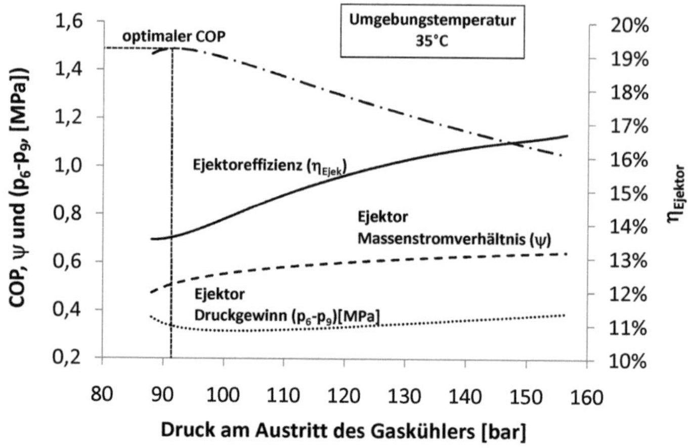

Abbildung 6.11: Verlauf von Massenstromverhältnis, Druckgewinn, Ejektoreffizienz und COP in Abhängigkeit des Druckes am Austritt des Gaskühlers bei konstanter Umgebungstemperatur von 35°C für eine Kühltruhe in Verbindung mit CO_2 als Kältemittel

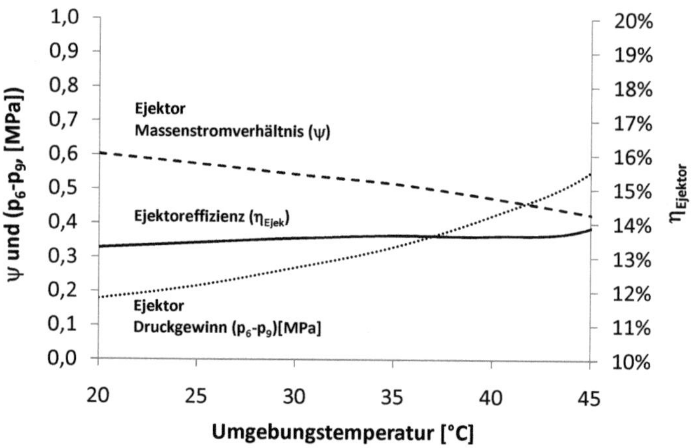

Abbildung 6.12: Verlauf von Massenstromverhältnis, Druckgewinn und Ejektoreffizienz in Abhängigkeit der Umgebungstemperaturen für eine Kühltruhe in Verbindung mit CO_2 als Kältemittel

Eine Untersuchung der normierten Kälteleistung (Umgebungstemperatur 30 °C) für R404A und CO_2 als Kältemittel (jeweils ohne Ejektor) und einem Ejektor-Kältekreislauf mit CO_2 als Kältemittel ist in der Abbildung 6.13 zu sehen. Die Untersuchung zeigt, dass die Kälteleistung der herkömmlichen Kühltruhen für die hohen Umgebungstemperaturen wegen der Verluste im Drosselungsprozess drastisch sinkt. Der Ejektorkreislauf in Verbindung mit CO_2 kann am Besten etwas von dieser verlorenen Energie wiedergewinnen.

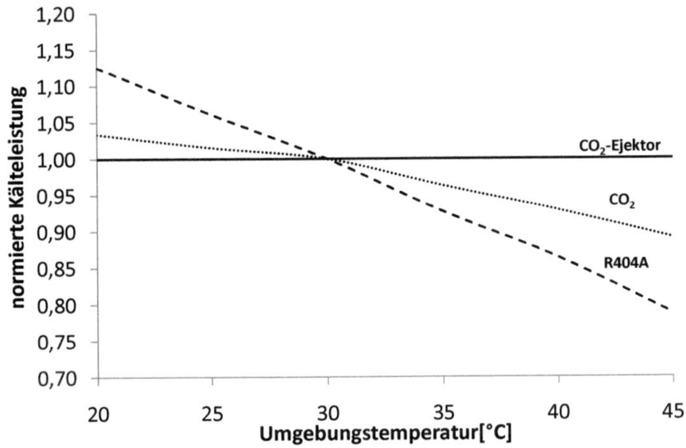

Abbildung 6.13: Normierten Kälteleistung (Umgebungstemperatur 30 °C) für R404A und CO_2 als Kältemittel (jeweils ohne Ejektor) und einem Ejektor-Kältekreislauf mit CO_2 als Kältemittel, bezogen auf die normierten Kälteleistung des CO_2-Ejektor-Kältekreislaufes

Abbildung 6.14 zeigt den Verdichterlaufzeit-Vergleich für herkömmliche Kältekreisläufe mit R404A und CO_2 als Kältemittel (jeweils ohne Ejektor) und einen Ejektor-Kältekreislauf mit CO_2 als Kältemittel, bezogen auf die Verdichterlaufzeit des CO_2-Ejektor-Kältekreislaufes. Dabei ist zu erkennen, dass die Nutzung eines Ejektors anstelle einer Drossel zu einer Reduzierung der Verdichterlaufzeit geführt hat.

Abbildung 6.15 zeigt den COP-Vergleich für herkömmliche Kältekreisläufe mit R404A und CO_2 als Kältemittel (jeweils ohne Ejektor) und für einen Ejektor-Kältekreislauf mit CO_2 als Kältemittel. Ab Umgebungstemperaturen von 20°C verbraucht der CO_2-Ejektor-Kältekreislauf im Vergleich zu der gemessene R404-Kühltruhe weniger Energie. Zu erkennen ist, dass je höher die Umgebungstemperatur wird, desto effizienter wird der CO_2-Ejektor-Kältekreislauf im Vergleich zu der R404-Kühltruhe. Bis zu circa 15% effizienter wird der CO_2-Ejektor-Kältekreislauf bei eine Umgebungstemperatur von 45°C im Vergleich mit R404A.

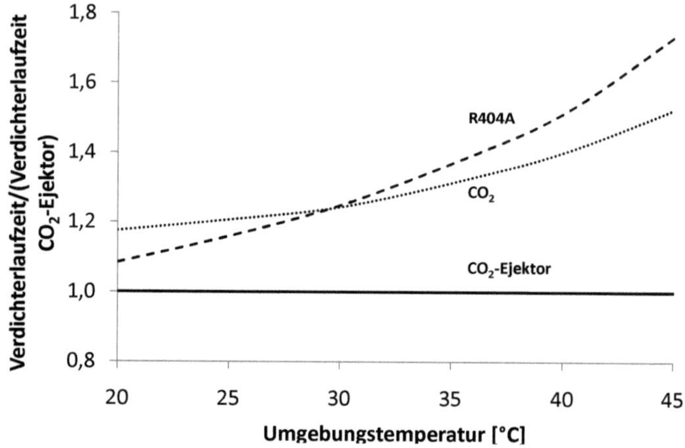

Abbildung 6.14: Verdichterlaufzeit-Vergleich für herkömmliche Kältekreisläufe mit R404A und CO_2 als Kältemittel (jeweils ohne Ejektor) und einen Ejektor-Kältekreislauf mit CO_2 als Kältemittel, bezogen auf die Verdichterlaufzeit des CO_2-Ejektor-Kältekreislaufes

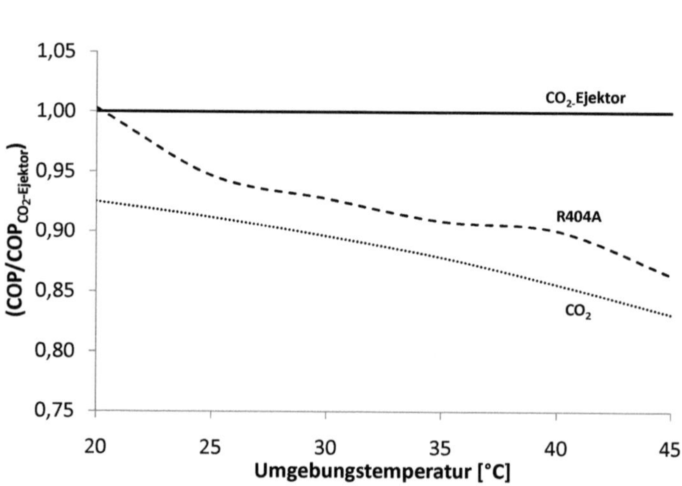

Abbildung 6.15: COP-Vergleich für herkömmliche Kältekreisläufe mit R404A und CO_2 als Kältemittel (jeweils ohne Ejektor) und einen Ejektor-Kältekreislauf mit CO_2 als Kältemittel, bezogen auf den COP des CO_2-Ejektor-Kältekreislaufes

Kapitel 7

Zusammenfassung und Ausblick

In den Ländern mit tropischen Gebieten werden im großen Maße noch synthetische Kältemittel mit Treibhauspotential und sogar Ozonabbaupotential eingesetzt. Die vorliegende Arbeit soll einen wissenschaftliche Beitrag dazu leisten, diese Kältemittel durch nachhaltige natürliche Kältemittel ohne nennenswertes Treibhauspotential oder sogar Ozonabbaupotential zu ersetzen. Ein vielversprechender Kandidat ist Kohlendioxid. Die größte Herausforderung beim Umstieg auf dieses natürliche Kältemittel in tropischen Gebieten ist die relativ niedrige Effizienz, die CO_2 Kältekreisläufe in warmen Gebieten im Vergleich mit herkömmlichen Kältekreisläufen aufweisen. Durch den Einsatz von Ejektoren ist eine deutliche COP-Verbesserung und damit ein geringerer Energieverbrauch für derartige Anlagen zu erwarten. Daneben kann die Emission umweltschädlicher FCKWs und HFKWs/FKWs reduziert werden. Ziel dieser Arbeit ist es, vielversprechende Einsatzmöglichkeiten für Ejektor-Kältekreisläufe insbesondere mit dem Kältemittel CO_2 in tropischen Gebieten zu identifizieren und theoretisch und experimentell zu untersuchen.

Im Rahmen der vorliegenden Arbeit wurden die unterschiedlichen Einsatzgebiete von Ejektor-Kältekreisläufen in tropischen Gebieten im Hinblick auf die dort vorherrschenden Randbedingungen und weitere Aspekte identifiziert und untersucht. Es wurde gezeigt, dass die Kältetechnik im Handel, insbesondere in Supermärkten eine besonders signifikante direkte und indirekte klimawirksame Emission aufweist.

Als Grundlage für die theoretische Untersuchung wurde eine Charakterisierung sowie eine vollständige Literaturrecherche bezüglich eines Zwei-Phasen-Ejektors durchgeführt. Im Rahmen der Modellbildung wurde die Definition der Ejektoreffizienz, die das Verhältnis zwischen der Verdichtungsarbeit des Saugstromes und der Expansionsenergie des Treibstromes beschreibt, vorgestellt. Die präsentierte Ejektoreffizienz ist unabhängig von anderen Kreislaufkomponenten und kann durch einfache Messungen bestimmt werden.

Ein vorhandener Prüfstand zur Untersuchung eines CO_2-Kältekreislaufes mit Ejektor wurde für tropische Anwendungen angepasst. Dazu wurden Randbedingungen und Leistungen eingestellt, wie sie in Kühlmöbeln im Bereich der Normalkühlung in tropischen Gebieten auftreten. Ziel war die Untersuchung des Einflusses von physikalischen Parametern auf die Effizienz des Ejektors. Mit Hilfe von Messdaten wurde eine neuartige empirische Korrelationen für das Massenstromverhältnis aufgestellt. Die gefundene Korrelation ist abhängig vom Verhältnis der volumenbezogenen Verdichtungsarbeit des Saugstromes zu der volumenbezogenen Dissipationsenergie des Treibstromes. Weiterhin hängt sie vom Verhältnis des Drucks am Eintritt der Saugdüse zum Eintrittsdruck der Treibdüse ab. Außerdem ist sie vom Verhältnis der Ohnesorgezahlen von Treib- und Saugdüse, jeweils bezogen auf dem Eintrittszustand, abhängig. Anschließend wurde die Korrelation mit zusätzlichen Messdaten für drei verschiedene Ejektorgeometrien von Nakagawa [65] angepasst. Dasselbe Verfahren wurde für die empirische Korrelation für die Ejektoreffizienz durchgeführt.

Eine theoretische Diskussion der Strömungszustände in einem Zwei-Phasen-Ejektor wurde präsentiert und experimentell bestätigt. Die Ergebnisse zeigten, dass je höher die Druckdifferenz zwischen dem Gaskühler und Verdampfer ist, desto höher ist die Geschwindigkeit und die kinetische Energie des Treibstrahls und desto höher wird der Druckgewinn. Ähnlichen Ergebnissen wurden von Nakagawa [65] vorgestellt. Aufgrund des bedeutenden Einfluss des Treibstroms auf die Ejektoreffizienz wurde die Strömung an der Treibdüse mit Hilfe von CFD-Simulationen untersucht. Aus den Ergebnissen war ersichtlich, dass die Berechnung des Massenstroms mit dem einfachen Ansatz nach Bernoulli für eine Eintrittstemperatur $T_3 = 20°C$ hinreichend genau ist und nicht vom Hochdruck p_3 abhängig ist. Bei Eintrittstemperaturen $T_3 = 30°C$ ist eine Berücksichtigung eines kompressibilitätsabhängigen Strömungskoeffizienten erforderlich. Insbesondere bei geringeren Eintrittstemperaturen ist aufgrund der Ergebnisse davon auszugehen, dass Siedeverzug auftritt und somit im Düsenquerschnitt noch keine Blasen auftreten.

Es wurde erstmalig der mögliche Einsatz von Ejektor-Kältekreisläufen insbesondere in Verbindung mit dem natürlichen Kältemittel CO_2 in Kühlmöbeln im Bereich der Normalkühlung in tropischen Gebieten untersucht. Zur Zeit werden für die untersuchten Kühlmöbel üblicherweise einstufige Kompressions-Kälteanlagen mit syntetischen Kältemitteln wie R22 oder für die neuen Kältemaschinen R134a und R404A eingesetzt. Ein sich auf die Ejektoreffizienz stützendes Modell eines Ejektors wurde in Kreislaufsimulationen für Kühltruhen im Bereich der Normalkühlung integriert. Es wurde durch vergleichende Simulationen gezeigt, dass bei einer Umgebungstemperatur von 35°C der Einsatz eines Ejektors in einem CO_2-Kältekreislauf im Vergleich zu herkömmlichen CO_2-Kältekreisläufen in tropischen Gebieten den Energieverbrauch um ca. 30% reduzieren kann. Darüber hinaus verbraucht der CO_2-Ejektor-Kältekreislauf im Vergleich zu den herkömmlichen R134a- und R22-Kältekreisläufen ca. 10% weniger Energie, im Vergleich zum herkömmlichen R410A-Kältekreislauf ca. 15% weniger Energie und im Vergleich zum herkömmlichen R404A-Kältekreislauf ca. 20% weniger Energie.

Um in Zukunft weitere Verbesserungen zu erzielen, könnten in einer nachfolgenden Arbeit Ejektoren mit verschiedenen Geometrien vermessen und untersucht werden. Die Messergebnisse sollen dazu dienen, die Strömungverhältnisse im Ejektor besser abbilden zu können und das Modell des Ejektors weiter zu verbessern. Durch weiterführende Arbeiten und Optimierung des Ejektors sind weitere Effizienzsteigerungen zu erwarten. Insbesondere sollte der Ejektorkreislauf regelungstechnisch genauer untersucht werden, um das System für einen größeren Bereich von Randbedingungen konkurrenzfähig gegen über herkömmlichen Kältemittelkreisläufen zu gestalten.

Neben der Optimierung der Anlagenkomponenten ist für einen energieeffizienten Betrieb eines Ejektor-Kältekreislaufs auch eine Optimierung der Prozessführung nötig. Zu diesem Zweck sollten zum einen verschiedene mögliche Verschaltungen für Kühlmöbelkältekreisläufe untersucht werden. Darüberhinaus sollte ein ganzheitlich Steuerungs- und Regelungskonzept entwickelt werden, um den Ejektor-Kreislauf in einem breiten Spektrum an Betriebspunkten optimal betreiben zu können.

Anhang A

Numerische Strömungsmechanik

A.1 Methodologie

In der Vorverarbeitung wurde die selbe Prozedur in allen Ansätze durchgeführt:

- Definition der Geometrie (physikalische Grenzen)
- Verteilung des durch das Fluid belegten Volumen in diskreten Zellen (Gitter, strukturiert und unstrukturiert)
- Definition des physikalischen Modell (z.B. die Zustandgleichungen + Enthalpie + Strahlung)
- Definition der Randbedingungen. Festlegen vom Fluid Verhalten und Eigenschaften an den Grenzen.
- Stationär iterative Lösung der Gleichungen
- Schließlich, die Anwendung eines Postprozessor um die Ergebnisse zu visualisieren und zu analysieren

Die Abbildung A.1 zeigt die Zusammenstellungsparameter, die im CFD-Modell verwendet wurden.

A.2 Gitterunabhängigkeits Studie

Eine Gitterunabhängigkeitsanalyse wurde unter Verwendung von sechs verschiedenen Gitternetzen geleitet. Die Zahl der Zellen unterscheidet sich um circa 25% zwischen darauffolgenden Netzen. Jede Simulation mit den verschiedenen Netzen wurde unter

Type	Selection
CFD Modeling	
Numerical Solver	Segregated solver
Turbulence Model	Standard k-ε
Discretization Technique	Finite Volume
Discretization Scheme	
Pressure	Standard scheme
Pressure and velocity coupling	SIMPLE
Density	Second-order scheme
Momentum	Second-order scheme
Turbulence kinetic energy	Second-order scheme
Boundary Conditions	
Inlet	Pressure Inlet
Outlet	Pressure Outlet

Abbildung A.1: Die unter Fluent verwendeten parameter

Verwendung des Standards k-Epsilon Turbulenzmodell mit Standardwandbehandlung, mit einer Eintrittsfreistromgeschwindigkeit von 0,609 m/s und einem Druck von 74,75 bar berechnet. Tabelle A.1 führt die Zellenzahl und Geschwindigkeitswerte am Düsenaustritt jedes einzelnen Gitters auf und hebt die Verfeinerung zwischen den verschiedenen Netzen hervor. Die Ergebnisse zeigen, dass die Verfeinerung des Gitters kaum Variationen in den Austrittsgeschwindigkeitswerten der Düse liefert. Dieses zeigt, dass eine Gitterunabhängigkeit erzielt worden ist.

Gitter	Zellenzahl	Geschwindigkeit (m/s) am Düsenaustritt
1	655471	98,742
2	552472	98,742
3	414354	98,741
4	310765	98,740
5	233074	98,738
6	174806	98,736

Tabelle A.1: Gitter Verfeinerung

Abbildung A.2 zeigt die Werte für die Geschwindigkeit am Düsenaustritt für die verschiedenen Gittern, welche wieder die Gitterunabhängigkeit bestätigt. Ein anderer Punkt, der auch analysiert wurde, war die Struktur der Strömung entlang der Düse. Ab Gitter Nr. 2 fängt die Strömung an realistische Ergebnisse darzustellen. Weiterhin wurden alle Untersuchungen unter Verwendung des Gitters 2 durchgeführt. Ein Teil des Gitters wird in Abbildung A.3 dargestellt.

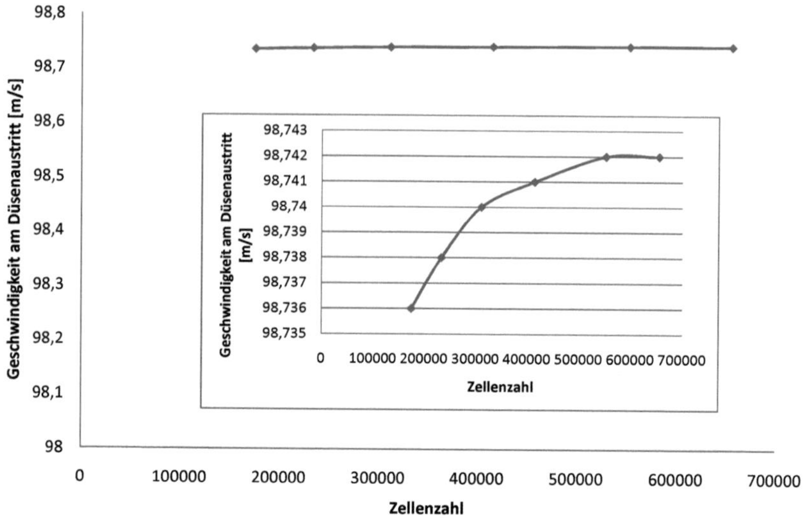

Abbildung A.2: Gitter Verfeinerung

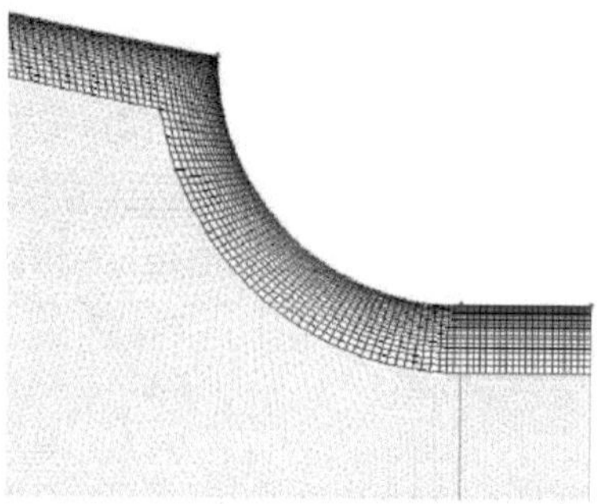

Abbildung A.3: Ausschnitt des Gitters an engstem Querschnitt der Düse.

A.3 Grenzschicht

In Bezug auf die Grenzschicht wird vorgeschlagen [4] dass, der dimensionslose Wandparameter y^+ keinen höheren Werten als 30 aufnimmt. y^+ ist in Gleichung A.1 definiert:

$$y^+ = (y/\mu) * \sqrt{\rho \tau_w} \tag{A.1}$$

wobei, y für den Abstand zwischen der Wand und der Mitte der ersten Zelle steht, μ für die molekulare Viskosität steht, ρ ist die Dichte von CO_2 und τ_w ist die Wandschubspannung. Die Grenzschicht wurde bis zum Zielwert $y^+ = 30$ raffiniert. Abbildung A.4 zeigt den y^+ Verlauf an der Düsenwand.

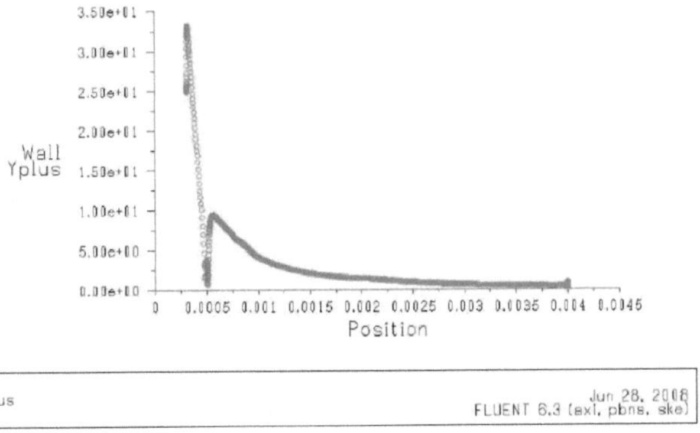

Abbildung A.4: y^+ Verlauf an der Düsenwand

A.4 Erhaltungssätze

Das Treibdüsenstrahlmodell basiert auf den Erhaltungsgleichungen: Kontinuitäts-, Impuls- und Energiegleichungen.

Kontinuitätsgleichung

Die Kontinuitätsgleichung kann wie in der Gleichung A.2 geschrieben werden:

$$\frac{\partial \rho}{\partial t} + \frac{\partial}{\partial x_i}(\rho u_i) = 0 \tag{A.2}$$

Gleichung A.2 ist die allgemeine Form der Massenerhaltungsgleichung und ist für kompressibel und inkompressibel Strom gültig.

Für die 2D Achsen-Symmetrie Geometrie wird die Kontinuitätsgleichung wie bei der Gleichung A.3 beschrieben:

$$\frac{\partial \rho}{\partial t} + \frac{\partial}{\partial x}(\rho u) + \frac{\partial}{\partial r}(\rho v) + \frac{\rho v}{r} = 0 \tag{A.3}$$

Wobei, x die axiale Koordinate ist, r die Radialkoordinate, u die axiale Geschwindigkeit, und v die Radialgeschwindigkeit ist.

Impluserhaltungsgleichung

Die Impluserhaltungsgleichung in einem Trägheits- (nicht-beschleunigten) Bezugsrahmen auf der i Richtung wird wie bei der Gleichung A.4 beschrieben:

$$\frac{\partial}{\partial t}(\rho u_i) + \frac{\partial}{\partial x_j}(\rho u_i u_j) = -\frac{\partial p}{\partial x_i} + \frac{\partial \tau_{ij}}{\partial x_j} + \rho g_i + F_i \tag{A.4}$$

Wobei, p der statische Druck ist, ρg_i und F_i für die Gravitationskraft und externe Kräfte stehen. Der Term τ_{ij} ist der Spannungstensor und wird wie folgt beschrieben:

$$\tau_{ij} = [\mu(\frac{\partial u_i}{\partial xj} + \frac{\partial u_j}{\partial xi})] - \frac{2}{3}\mu\frac{\partial u_l}{\partial xl}\delta_{ij} \tag{A.5}$$

Wobei, μ die molekulare Viskosität ist und der zweite Term an der rechter Seite für die Effekten der Ausdehnung des Volumens steht.

Für die 2D axi-symmetric Geometrie werden die Axial- und Radial- Impulserhaltungsgleichung wie folgt gegeben:

Axial

$$\frac{\partial}{\partial t}(\rho u) + \frac{1}{r}\frac{\partial}{\partial x}(r\rho uu) + \frac{1}{r}\frac{\partial}{\partial r}(r\rho vu) =$$

$$-\frac{\partial p}{\partial x} + \frac{1}{r}\frac{\partial}{\partial x}[r\mu(2\frac{\partial u}{\partial x} - \frac{2}{3}(\nabla \cdot \vec{v}))] + \frac{1}{r}\frac{\partial}{\partial r}[r\mu(\frac{\partial u}{\partial r} + \frac{\partial v}{\partial x})] + F_x \tag{A.6}$$

Radial

$$\frac{\partial}{\partial t}(\rho v) + \frac{1}{r}\frac{\partial}{\partial x}(r\rho uv) + \frac{1}{r}\frac{\partial}{\partial r}(r\rho vv) =$$

$$-\frac{\partial p}{\partial r} + \frac{1}{r}\frac{\partial}{\partial x}[r\mu(\frac{\partial v}{\partial x} + \frac{\partial u}{\partial r})] + \frac{1}{r}\frac{\partial}{\partial r}[r\mu(2\frac{\partial v}{\partial r} - \frac{2}{3}(\nabla \cdot \vec{v}))] -$$

$$2\mu\frac{v}{r^2} + \frac{2}{3}\frac{\mu}{r}(\nabla \cdot \vec{v}) + \rho\frac{w^2}{r} + F_r \tag{A.7}$$

Wobei, w für die Wirbelgeschwindigkeit steht und

$$\nabla \cdot \vec{v} = \frac{\partial u}{\partial x} + \frac{\partial v}{\partial r} + \frac{v}{r} \tag{A.8}$$

Energieerhaltungsgleichung

Die Gleichung der Energie wird wie folgt gegeben:

$$\frac{\partial}{\partial t}(\rho E) + \frac{\partial}{\partial x_i}(u_i(\rho E + p)) = \frac{\partial}{\partial x_i}(\kappa_{eff}\frac{\partial T}{\partial x_i} - \sum_{j'} h_{j'} J_{j'} + u_j(\tau_{ij})_{eff}) \quad \text{(A.9)}$$

Wobei, κ_{eff} für die effektive thermische Leitfähigkeit steht und wie folgt definiert wird: $\kappa_{eff} = \kappa + \kappa_t$,wobei κ die Fluid thermische Leitfähigkeit ist und κ_t die turbulente thermische Leitfähigkeit. $J_{j'}$ ist der Diffusionsfluss der Spezies j'. Der letzte Term bedeutet die viskose Dissipation. Der Term E bedeutet die totale interne Energie und wird wie folgt definiert:

$$E = h - \frac{p}{\rho} + \frac{u_i^2}{2} \quad \text{(A.10)}$$

Wobei, h für die spezifische Enthalpie steht und wird für den Fall von idealen Gas wie folgt definiert:

$$h = \sum_{j'} m_{j'} h_{j'} \quad \text{(A.11)}$$

und für inkompressibel Fluid wie:

$$h = \sum_{j'} m_{j'} h_{j'} + \frac{p}{\rho} \quad \text{(A.12)}$$

In den Gleichungen A.11 und A.12, $m_{j'}$ ist der Massenanteil der Spezies j' und

$$h_{j'} = \int_{T_{ref}}^{T} C_{p,j'} dT \quad \text{(A.13)}$$

T_{ref} ist 298,15 K.

A.5 Turbulenzmodell

Das verwendete Turbulenzmodell ist ein semi-empirisches Modell basierend auf den Transportgleichungen für die turbulente kinetische Energie (k) und die Dissipationsrate (ϵ): Standard $k - \epsilon$ Modell [4]. Das Modell gilt nur für voll turbulente Strömungen. (k) und (ϵ) können wie folgt ausgedrückt werden:

$$k = \frac{1}{2}\overline{u_i' u_j'} \tag{A.14}$$

$$\epsilon = 2\frac{\mu}{\rho}\overline{e_{ij}' e_{ij}'} \tag{A.15}$$

Wobei,

$$e_{ij}' = \frac{\partial u_i}{\partial x_j} + \frac{\partial u_j}{\partial x_i} \tag{A.16}$$

Transportgleichungen:

$$\frac{\partial}{\partial t}(\rho k) + \frac{\partial}{\partial x_i}(\rho k u_i) = \frac{\partial}{\partial x_j}[(\mu + \frac{\mu_t}{\sigma_k})\frac{\partial k}{\partial x_j}] + G_k - \rho\epsilon - Y_M \tag{A.17}$$

$$\frac{\partial}{\partial t}(\rho \epsilon) + \frac{\partial}{\partial x_i}(\rho \epsilon u_i) = \frac{\partial}{\partial x_j}[(\mu + \frac{\mu_t}{\sigma_\epsilon})\frac{\partial \epsilon}{\partial x_j}] + C_{1\epsilon}\frac{\epsilon}{k}G_k - C_{2\epsilon}\rho\frac{\epsilon^2}{k} \tag{A.18}$$

Wobei, Y_M ein Quellterm für die Mitwirkung von der schwankenden Dilatationsrate in den kompressiblen Fluiden im Bezug zu der gesamten Dilatation ist.

$$Y_M = 2\rho\epsilon M_t^2 \tag{A.19}$$

und

$$M_t = \sqrt{\frac{k}{a^2}} \tag{A.20}$$

mit a als Schallgeschwindigkeit und gleich

$$a \equiv \sqrt{\gamma R T} \tag{A.21}$$

für ideales Gas.

Die Erzeugung der Turbulenzen kinetischer Energie infolge von dem Geschwindigkeitsgradienten wird wie folgt beschrieben:

$$G_k = -\rho\overline{u_i' u_j'}\frac{\partial u_j}{\partial x_i} \tag{A.22}$$

Die turbulente Viskosität wird wie folgt beschrieben:

$$\mu_t = \rho C_\mu \frac{k^2}{\epsilon} \tag{A.23}$$

Die Konstanten $C_{1\epsilon}$, $C_{2\epsilon}$, C_μ, σ_k und σ_ϵ wurden mit den Standartwerten von Fluent angewendet: $C_{1\epsilon} = 1,44$; $C_{2\epsilon} = 1,92$; $C_\mu = 0,09$; $\sigma_k = 1,0$ und $\sigma_\epsilon = 1,3$.

A.6 Löser und Diskretisierung

Der 'Segregated solver' (getrennter Löser) wurde in dieser Arbeit benutzt. Unter den getrennten Löser werden die einzelnen Erhaltungsgleichungen (e.g., u, v, w, p, T, k, ϵ, etc) für die Lösungsvariablen nacheinander gelöst.

Diskretisierung ist ein Verfahren, das die partiellen Differentialgleichungen in algebraische Gleichungen umwandelt. Einige Techniken sind in der CFD-Software vorhanden. Die am meisten bekannten Modelle sind die Finite-Differenz-, die Finite-Elemente- und die Finite-Volumen-Methode. Die in dieser Arbeit benutzte Diskretisierungsmethode ist die finite Volumenmethode und kann lediglich unter der Betrachtung des Transports einer skalaren Größe (ϕ) in der stationären Erhaltungsgleichung gezeigt werden. Die stationäre Erhaltungsgleichung wird in der Form vom Integral ausgedrückt:

$$\oint \rho\phi\vec{v} \cdot d\vec{A} = \oint \Gamma_\phi \nabla\phi \cdot d\vec{A} + \int VS_\phi dV \tag{A.24}$$

Wobei, ρ für die Dichte steht, $\vec{v}$ für den Geschwindigkeitsvektor, $\vec{A}$ für den Flächevektor, Γ_ϕ für die Diffusionskonstante vom ϕ, $\nabla\phi$ für den Gradient vom ϕ und S_ϕ für die Bezugsquelle vom ϕ pro Maßeinheitsvolumen.

Die Gleichung A.24 wird an jedem Kontrolvolumen oder an der Zelle angewendet. Gleichung A.25 zeigt die Diskretisierung der Gleichung A.24:

$$\sum_f^{N_{faces}} \rho_f \vec{v}_f \phi_f \cdot \vec{A}_f = \sum_f^{N_{faces}} \Gamma_\phi \nabla\phi_f \cdot \vec{A}_f + VS_\phi \tag{A.25}$$

Wobei, N_{faces} für die Zahl der Flächen, die die Zelle einschließen steht und ϕ_f für den Wert von ϕ auf die Fläche f umgewälzt, $\rho_f \vec{v}_f \cdot \vec{A}_f$ für den Massenstrom durch die Fläche und V für das Volumen steht.

Abbildung A.4 zeigt eine Illustration der Diskretisierung von einer skalaren Transportgleichung mit den finiten Volumenelementen.

Diskrete Werte des Skalars ϕ werden in der Zellenmitte (C_0 und C_1) gespeichert (sieh Abbildung A.5). Die Ankopplungsgröße in der Gleichung A.25 erfordert die Flächenwerte (ϕ_f). Die Flächenwerte werden durch die Anwendung eines 'upwind scheme' berechnet.'Upwind' bedeutet, dass der Flächenwert (ϕ_f) vom Zellenmittewert, der Zelle gegen den Strom im Verhältnis zu der Richtung des Geschwindigkeitsvektors berechnet wird. In dieser Arbeit wurden alle Simulationen mit dem 'second order upwind scheme' (zweiter Ordnung) durchgeführt.

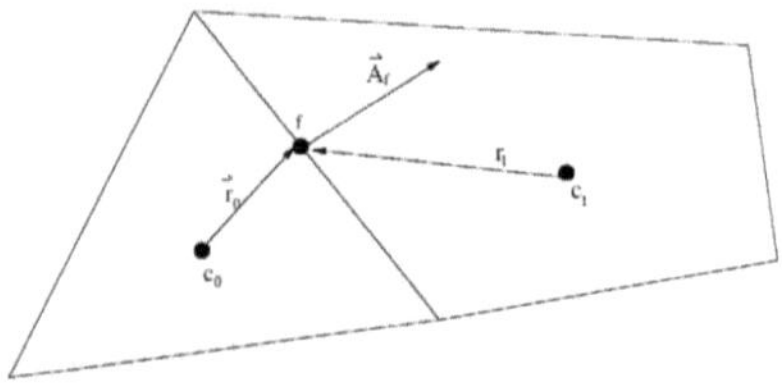

Abbildung A.5: Benutzte Kontrolvolumen um eine skalare Transportgleichung zu ilustrieren [4]

A.7 Ergebnisse

Abbildung A.6 bis A.9 zeigen die Eigenschaften des Fluides am engstem Querschnitt der Düse. Die Ergebnisse zeigen Ähnlichkeiten mit vielen Untersuchungen über dieses Thema (z.B. [51]).

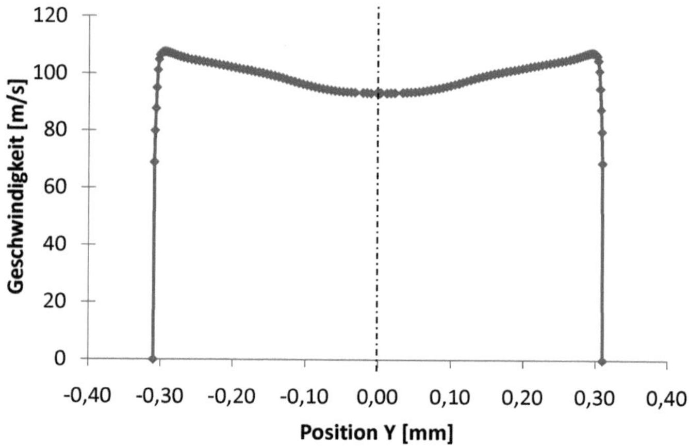

Abbildung A.6: Geschwindigkeitsprofil am engstem Querschnitt der Düse für ein inkompressibles Modell. Die Werte für die Drücke am Ein- und Austritt der Düse betragen ca. 100 und 35 bar.

Das kompressibel Model wurde nicht mit experimentellen Ergebnissen verglichen, weil die simulierten Dichten zu kleinen waren, wie auch in andere Arbeiten [51]. Der Zweck der Simulation war es zu beobachten, ob die Strömung Überschallgeschwindichkeit erreichen würde. In Abbildung A.10 wird gezeigt, dass Machzahlen höheren als 1 erreicht wurden .

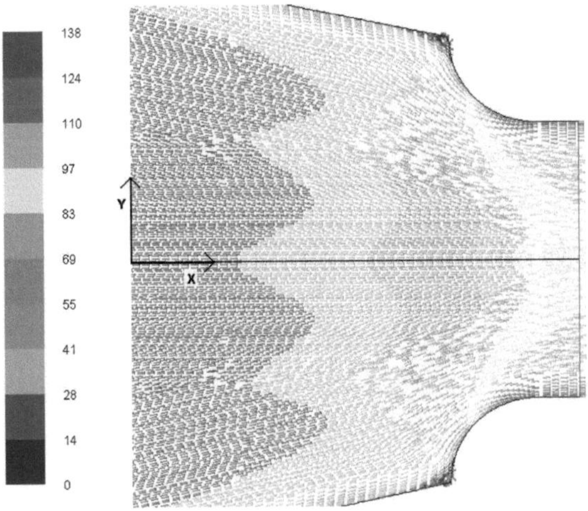

Abbildung A.7: Geschwindigkeitsvektor im Meter pro Sekunden am engstem Querschnitt der Düse für ein inkompressibles Modell. Die Werte für die Drücke am Ein- und Austritt der Düse betragen ca. 100 und 35 bar.

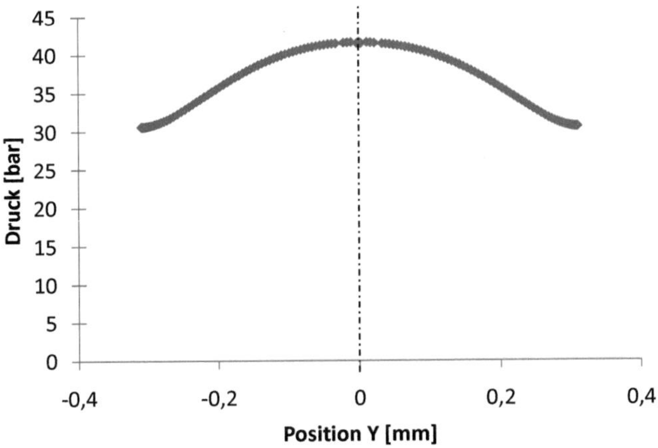

Abbildung A.8: Druckprofil am engstem Querschnitt der Düse für ein inkompressibles Modell. Die Werte für die Drücke am Ein- und Austritt der Düse betragen ca. 100 und 35 bar.

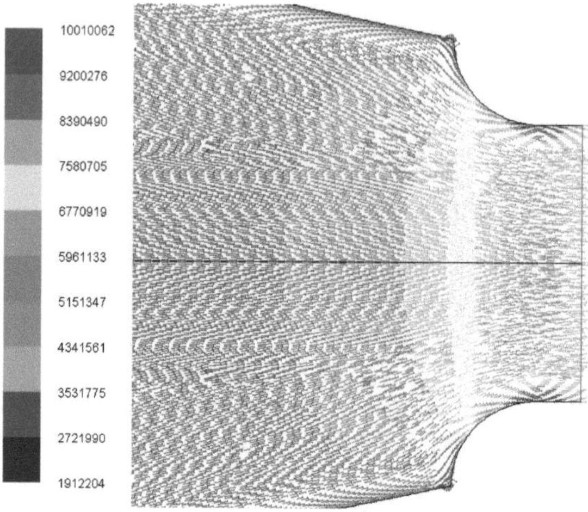

Abbildung A.9: Druckvektor im Pascal am engstem Querschnitt der Düse für ein inkompressibles Modell. Die Werte für die Drücke am Ein- und Austritt der Düse betragen ca. 100 und 35 bar.

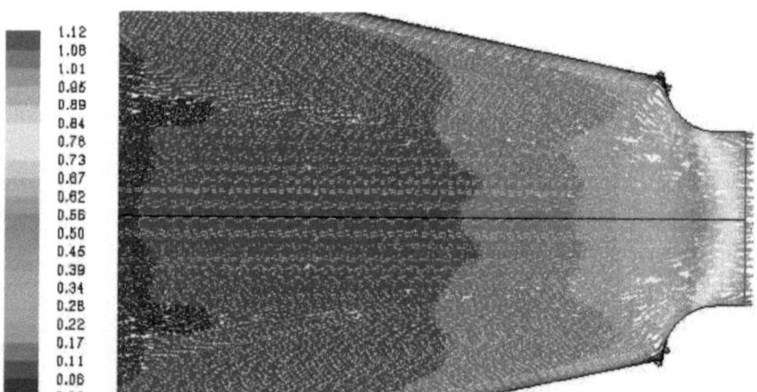

Abbildung A.10: Machzahlprofil am engstem Querschnitt der Düsen für ein kompressibles Modell. Die Werte für die Drücke am Ein- und Austritt der Düse betragen ca. 100 und 35 bar.

Literaturverzeichnis

[1] Vorschlag für eine Verordnung des Europäischen Parlaments und des Rates über bestimmte fluorierte Treibhausgase. Volume 492, 2003

[2] The Nobel Foundation Nobelpreize.org.2005, 2005

[3] *Gambit 2.4.* Fluent Inc., 2006

[4] *Fluent 6.3 User Guide.* Fluent Inc., 2008

[5] 1995, DIN.: DIN EN ISO 5167, Durchflussmessung von Fluiden mit Drosselgeraten (Flow Rate Measurement of Fluids in Throttle Devices). Europaische Norm (in German).

[6] AKAGI, S. ; WANG, J. F. ; HIHARA, E.: Characteristics of two-phase ejector in carbon dioxide refrigeration cycle. In: *Proc. Ecol International Heat Pump Conference*, 2005

[7] APHORNRATANA, Satha ; CHUNGPAIBULPATANA, S. ; SRIKHIRIN, P.: Experimental Investigation of an ejector refrigerator: Effect of mixing chamber geometry on system performance. In: *International Journal of Energy Research 25* (2001), S. 397–411

[8] APHORNRATANA, Satha ; EAMES, lan W.: A small capacity steam-ejector refrigerator: experimental investigation of a system using ejector with movable primary nozzle. In: *International Journal of Refrigeration 20* 5 (1997), S. 352–358

[9] APHORNRATANA, Satha ; EAMES, lan W.: Experimental lnvestigation of a Combined Ejector Absorption Refrigerator. In: *International Journal of Energy Research 22* (1998), S. 195–207

[10] ASME: Ejectors. In: *American Society of Mechanical Engineers* Bd. PTC 24-1976. NY, USA, 1976

[11] BAEHR, H. D.: *Thermodynamik: Eine Einführung in die Grundlagen und ihre technischen Anwendungen.* 8. Berlin : Springer-Verlag, 1992

[12] BDINUS, William S.: The Rise and Fall of Carbon Dioxide Systems. In: *ASHRAE* (1999), April, S. 37–42

[13] BONNINGTON, S. T.: BHRA Fluid Engineering Series. Bd. 1: Jet Pumps and Ejectors - A State Of the Art Review and Bibliography. Second revised. In: *BHRA Fluid Engineering*, 1972

[14] BROWN, J. S. ; YANA-MOTTA, Samuel F. ; DOMANSKI, Piotr A.: Comparative analysis of an automotive air conditioning systems operating with CO_2 and R134a. In: *International Journal of Refrigeration 25* (2002), S. 19–32

[15] BRUNOTTE, E. ; GEBHARDT, H. ; MEURER, M. ; MEUSBURGER, P. ; NIPPER, J.: *Lexikon der Geographie.* Heidelberg, 2002

[16] BUTRYMOWICZ, D.: Improvement of Compression Refrigeration Cycle by Means of Two- Phase Ejector. In: *Proc. of International Congress of Refrigeration. Washington, D.C.*, 2003

[17] CHAIWONGSA, P. ; WONGWISES, S.: Effect of throat diameters of the ejector on the performance of the refrigeration cycle using a two-phase ejector as an expansion device. In: *International Journal of Refrigeration* 30 (2007), S. 601–608

[18] CIZUNGU, Kabiona I.: *Modellierung und Optimierung von Ein- und Zweiphasen-Strahlverdichtern im stationären Betrieb*, Fakultät Energietechnik der Universität Stuttgart, Diss., August 2003

[19] CUNNINGHAM, R. G. ; DOPKING, R. J.: Jet Breakup and Mixing Throat Lengths for Liquid Jet Gas Pump. In: *ASME J. Fluids Engng 96* (1974), S. 216–226

[20] DENSO: Staying the Course-Annual Report / DENSO. 2003. – Forschungsbericht

[21] DENSO: Staying the Course-Annual Report / DENSO. 2004. – Forschungsbericht

[22] DISAWAS, S. ; WONGWISES, S.: Experimental investigation on the performance of the refrigeration cycle using a two-phase ejector as an expansion device. In: *International Journal of Refrigeration* 27 (2004), S. 587–594

[23] DISAWAS, S. ; WONGWISES, S.: Performance of the two-phase ejector expansion refrigeration cycle. In: *International Journal of Heat Transfer* 48 (2005), S. 4282–4286

[24] DOMANSKI, Piotr A.: Theoretical Evaluation 01 the Vapor Compression Cycle With a Liquid- Line/Suction-Line Heat Exchanger, Economizer, and Ejector / National Institute 01 Standards and Technology NISTIR 5606. 1995. – Forschungsbericht

[25] DOMANSKI, Plotr A.: Minimizing Throttling Losses in the Refrigeration Cycle. In: *19th International Congress of Refrigeration* (1995)

[26] DONAIDSON, B. ; NAGENGAST, B.: Heat & Cold: Mastering the Great Indoors. In: *ASHRAE* (1994), April, S. 37–42

[27] DRESCHER, M. ; HAFNER, A. ; BANASIAK, K.: Experimental parameter investigation of R744 ejector. In: *8th IIR Gustav-Lorentzen Conference on Natural Working Fluids.* Copenhagen, Denmark, 2008

[28] DRESCHER, M. ; HAFNER, A. ; JAKOBSEN, A. ; NEKSA, P. ; ZHA, S.: Experimental Investigation of ejector for R744 transcritical Systems. In: *Proc. International Congress of Refrigeration.* Beijing, 2007

[29] ELBEL, S.: *Experimental and Analytical Investigation of a Two-Phase Ejector used for Expansion Work Recovery in a Transcritical R744 Air-Conditioning System.* Urbana-Champaign, U.S.A., University of Illinois, Diss., 2007

[30] ELBEL, S. ; HRNJAK, P.: Effect of internal heat exchanger on performance of transcritical CO_2 systems with ejector. In: *10th International Refrigeration and Air Conditioning Conference at Purdue.* Paper R166, West Lafayette, IN, USA, 2004

[31] ELBEL, S. ; HRNJAK, P.: Experimental Validation and Design Study of a transcritical CO_2 Prototype Ejector System. In: *Proc. of 7th IIR Gustav-Lorentzen Conference on Natural Working Fluids.* Trondheim Norway, 2006

[32] Elbel, S. ; Hrnjak, P.: Experimental investigation of transcritical CO_2 ejector system performance. In: *22nd IIR International Congress of Refrigeration*, 2007, Paper ICR07-E1-72, Beijing, China

[33] Elbel, S. ; Hrnjak, P.: Ejector Rerigeration: An Overview of Historical and Present Developments with an Emphasis on Air Conditioning Applications. In: *International Refrigeration and Air Conditioning Conference.* Purdue, July 14-17 2008

[34] Elbel, S. ; Hrnjak, P.: Experimental validation of a prototype ejector designed to reduce throttling losses encountered in transcritical R744 system operation. In: *Int J Refrig* 31 (2008), S. 411–422

[35] Försteling, S.: *Vergleichende Untersuchung von CO_2-Verdichtern in Hinblick auf den Einsatz in mobile Anwendungen.* Braunschweig, Deutschland, Technische Universität Braunschweig, Institut für Thermodynamik, Diss., 2004

[36] Gay, Norman H.: US 1,836,318. In: *Refrigeration System* (1931)

[37] Gosney, W. B.: Principles of Refrigeration. In: *Cambridge University Press* (1982)

[38] Henzler, H. J.: Das Sogverhalten von Strhalsaugern für das Stoffsystem: flüssig-gasförmig. In: *vt ≫ Verfahrenstechnik ≪* 15 (1981), Nr. 10, S. 738–749

[39] Heyer: *Witterung und Klima.* B.G. Teubner Verlagsgesellschaft, 1988

[40] Jeong, J. ; Saito, K. ; Kawai, S.: Effizienz Enhancement of Vapor Compression Refrigerator Using Natural Working Flids with Two-Phase Flow Ejector. In: *Proc. of 6th IIR Gustav-Lorentzen Conference on Natural Working Fluids.* Glasgow, UK, 2004

[41] Jungnickel, H. ; Agsten, R. ; Kraus, W.E.: *Grundlagen der Kältetechnik.* Verlag Technik GmbH Berlin, 1990

[42] Kauffeld, M.: Trends und Perspektiven für Supermarkt-Kälteanlagen. In: *KI-Kälte Luft Klimatechnik* (2008), April, S. 24–30

[43] Köhler, J. ; Tischendorf, C. ; Richter, C. ; Tegethoff, W.: Experimental and theoretical study of a CO_2 ejector refrigeration cycle. In: *VDA Alternative Refrigerant Wintermeeting, Saalfelden* (2007), February 14-15

[44] Köhler, J. ; Weigand, B. ; Wolfersdorf, J.: *Thermodynamik kompakt.* 1. Springer-Verlag, Berlin, 2008

[45] Kim, Man-Hoe ; Pettersen, Jostein ; Bullard, Clark W.: Fundamental process and system design issues in CO_2 vapor compression systems. In: *Progress in Energy and Combustion Science* (2004), Nr. 30, S. 119–174

[46] Kolev, N. I.: *Multiphase Flow Dynamics.* Berlin : Springer-Verlag, 2007

[47] Kornhauser, Alan A.: The Use of an Ejector as a Refrigerant Expander. In: *Proc. of USNC/IIR-Purdue refrigeration conference* (1990), S. 10–19

[48] Kranakis, E.F.: The French connection: Giffard´s injector and the nature of heat. In: *Technol Cult* Bd. 23, 1982, S. 3–38

[49] Kroeber, H. ; Teipel, U.: Supercritical Antisolvent Precipitation Atomization and Product Quality in Supercritical Fluids. In: *Proc. of the $6^{th.}$ Symposium on Supercritical fluids, Tome 3.* Vesailles, France, 2003, S. 1641–1646

[50] Kruse, Dr. H.: Refrigerant Use in Europe. In: *ASHRAE* (2000), September

[51] Ksayer, Elias B. L.: *Etude et conception de systemes a efficacite energetique amelioree functionnant au CO_2 comme fluide frigorigene.* Paris, France, Ecole des Mines de Paris, Diss., 2007

[52] Lefebvre, A. H.: *Atomization and sprays.* NY, USA : Hemisphere Publishing Corporation, 1989

[53] Li, D.: *Investigation of an ejector-expansion device in a transcritical carbon dioxide cycle for military ECU applications.* West Lafayette, IN, USA, Purdue University, Diss., 2006

[54] Li, D. ; Groll, E.A.: Transcritical CO_2 refrigeration cycle with ejector-expansion device. In: *10th International Refrigeration and Air-Conditioning Conference at Purdue.* Paper R153, West Lafayette, IN, USA, 2004

[55] LI, D. ; GROLL, E.A.: Transcritical CO_2 refrigeration cycle with ejector-expansion device. In: *Int J Refrig* 28 (2005), S. 766–773

[56] LI, D. ; GROLL, E.A.: Analysis of an Ejector Expansion Device in a transcritical CO_2 Air Conditioning System. In: *Proc. of 7th IIR Gustav-Lorentzen Conference on Natural Working Fluids*. Trondheim Norway, 2006

[57] LIU, F. ; GROLL, E.A.: Analysis of a two-phase flow ejector for the transcritical CO_2 cycle. In: *International Refrigeration and Air-Conditioning Conference at Purdue*, 2008

[58] LIU, F. ; GROLL, E.A.: Investigation of a two-phase flow ejector in a transcritical CO_2 air conditioning system. In: *8th IIR Gustav-Lorentzen Conference on Natural Working Fluids*. Copenhagen, Denmark, 2008

[59] LUNDQVIST, P.: Recent refrigeration equipment trends in supermarkets: energy efficiency as leading edge. In: *Bulletin of the International Institute of Refrigeration* 5 (2000), S. 2–29

[60] MACIEL, A. R. ; BASSI, M.: Die Perspektiven von CO_2 als Kältemittel in der gewerblichen Leichtkühlung. In: *59 KK Die Kälte + Klimatechnik* 10 (2006)

[61] MATSUO, K. ; SASAGUCHI, K. ; KIYOTOKI, Y. ; MOCHIZUKI, H.: Investigation of Supersonic Air Ejectors. In: *JSME* 25 (1982, Paper 210-7)

[62] MENEGAY, Peter: *A Computational Model tor Two-Phase Ejector Flow*, Virginia Polytechnic Institute and State University, Diss., 1999

[63] METZ, L. Kuijpers S. Solomon S. O. Andersen O. Davidson J. Ponds D. de Jager T. Kestin M. M. B. ; (EDS.), L. A. M.: IPCC/TEAP Special Report: Safeguarding the Ozone Layer and the Global Climate System. Prepared by Working Group I and III of the Intergovernmental Panel on Climate Change, and the Technology and Economic Assessment Panel / Cambridge University Press, Cambridge, United Kingdom and New York, NY, USA, 488 pp. Version: 2006. `http://www.ipcc.ch`. 2006. – Forschungsbericht

[64] N, Nielsen: In: *Nielsen-Nahrungsmittelverkaufs-Übersicht* (2004/2005)

[65] Nakagawa, M. ; Marasigan, A. R. ; Matsukawa, T.: Experimental Analysis of Two-Phase Ejector System with varying Mixing Cross-Secional Area using Natural Refrigerant CO_2. In: *ASME-ATI-UIT Conference on Thermal and Environmental Issues in Energy Systems* (2010), 16-19 May

[66] Nehdi, E. ; Kairouani, L. ; M., Bouzaina: Performance analysis of the vapour compression cycle using ejector as an expander. In: *International J Enrg Res* 31 (2007), S. 364–375

[67] Ozaki, Y. ; Takeuchi, H. ; Hirata, T.: Regeneration of expansion energy by ejector in CO_2 cycle. In: *Proc. of 6th IIR Gustav-Lorentzen Conference on Natural Working Fluids.* Glasgow, UK, 2004

[68] Palandre, L. ; Clodic, D. ; Kuijpers, L.: HCFCs and HFCs emissions from the refrigerating systems for the period 2004-2015. (2004), April 13-15

[69] Palandre, L. ; Zoughaib, A. ; Clodic, D. ; Kuijpers, L.: Estimation of the World-wide Fleets of Refrigerating and Air-conditioning Equipment in Order to Determine Forecasts of Refrigerant Emissions. (2003), April 22-24

[70] Payer, Alois: Entwicklungsländerstudien. In: *URL:http://www.payer .de/entwicklung/entw04.htm* (2001,Aufgerufen am 11 Juni 2009)

[71] Pettersen, J.: Refrigerant R744 Fundamentals. In: *VDA Alternative Refrigerant Wintermeeting, Saalfelden* (2002)

[72] Programm, UNEP Ozone Secretariat United Nations E.: The Montreal Protocol on Substances that Deplete the Ozone Layer as adjusted or amended in London 1990, Copenhagen 1992, Vienna 1995, Montreal 1997, Beijing 1999, 2000

[73] Programm, UNEP Ozone Secretariat United Nations E.: The Vienna Convention for the protection of the Ozone Layer, 2001

[74] Protocol, Kyoto: Kyoto Protocol to the United Nations Framework Convention on Climate Change, 1997

[75] Richter, C. ; Tischendorf, C. ; Fiorenzano, R. ; Cavalcante, P. ; Tegethoff, W. ; Köhler, J.: Using Modelica as a Design for an Ejector Test Bench. In: *Proc. of 5th International Modelica Conference.* Viena, September 2006, S. 501–508

[76] RIFFAT, S. B. ; EVERITT, P: Experimental and CFD modelling ot an ejector system tor vehicle air conditioning. In: *Journal of the Institute of Energy* 72 (1999), S. 41–47

[77] RIFFAT, S. B. ; EVERITT, P: jet ejector system tor vehicle air conditioning. In: *International Journal of Ambient Energy 20* 1 (1999), S. 14–20

[78] RIHA, J. ; QUACK, H. ; NICKL, J.: Einbindung einer Expansionsmaschine in CO_2 Supermarkt-Kälteanlagen. In: *DKV-Tagungsbericht* (2005), S. 23–32

[79] SAKAR, J.: Optimization of ejector-expansion transcritical CO_2 heat pump cycle. In: *International Journal of Energy* 33 (2008), S. 1399–1406

[80] SALIM, M: Thermally activated mobile ejector refrigeration system analysis. In: *Proc. of the Institution of Mechanical Engineers* 218 (2004), S. 1055–1062

[81] SANYO: In: *URL:http://sanyo.com/news/2009/09/25-1.html* (2009, Aufgerufen am 11 Juni 2009)

[82] SCHWARZ, W.: Emissionen des Kältemittels R134a aus mobilen Klimaanlagen / Büro für Umweltforschung und -beratung. Frankfurt/Main, 2001. – Studie für das Umweltbundesamt, Förderzeichen 36009006-Forschungsbericht

[83] SELVARAJU, A. ; MANI, A: Analysis of a vapour ejector refrigeration system with environmental friendly refrigerants. In: *International Journal of Thermal Sciences* 43 (2004), S. 915–921

[84] SOZIALAUSSCHUSS, Europäischer W.: Stellungnahme des Europäischen Wirtschafts- und Sozialausschusses zu dem Vorschlag für eine Verordnung des Europäischen Parlaments und Rates über bestimmte fluorierte Treibhausgase, 2004

[85] SUN, Da-Wen: Evaluation of a combined ejector-vapour-compression refrigeration system. In: *International Journal of Energy Research 22* (1998), S. 333–342

[86] SUN, Da-Wen: Comparative study of the performance of an ejector refrigeration cycle operating with various refrigerants. In: *Energy Conversion and Management 40* (1999), S. 873–884

[87] TAKEUCHI, Hirotsugu ; NISHIJIMA, Haruyuki ; IKEMOTO, Toru: World's First High Effciency Refrigeration Cycle with Two-Phase Ejector. In: *EJECTOR CYCLE.* Detroit, Michigan, March 2004

[88] TISCHENDORF, C.: *Aufbau eines Prüfstandes für Ejektoren und Ejektor- Kältekreisläufe*, TU Braunschweig, Diplomarbeit, 2006

[89] TISCHENDORF, C. ; KÖHLER, J. ; FIORENZANO, R. ; RICHTER, C. ; TEGETHOFF, W. ; LEMKE, N.: Experimentelle und theoretische Untersuchung eines CO_2-Ejector-Kreislaufes. In: *Forschungsberichte des Deutschen Kälte- und Klimatechnischen Vereins, DKV Tagung* (2007)

[90] TOUBER, S.: *A Contribution to the Improvement of compressor Valve Design.* Netherlands, Delft University of Technology, Diss., 1976

[91] WEIN, M.: *Numerische Simulation von kritischen und nahkritischen Zweiphasenströmungen mit thermischen und fluiddynamischen Nichtgleichgewichtseffekten*, TU Dresden, Diss., 2002

[92] XU, X. X. ; CHEN, G.M. ; LIU, S. ; TANG, L.M.: Experimental study on transcritical CO_2 heat pump water heater with ejector system. In: *8th IIR Gustav-Lorentzen Conference on Natural Working Fluids.* Copenhagen, Denmark, 2008

[93] YARI, M. ; SIROUSAZAR, M.: Cycle improvements to ejector-expansion transcritical CO_2 two-stage refrigeration cycle. In: *International Journal of Energy Research* 32 (2007), S. 677–687

[94] YARI, M. ; SIROUSAZAR, M.: Performance analysis of the ejector-vapour compression refrigeration cycle. In: *Proc. IMechE Vol.221 PartA: J. Power and Energy* (2007)

[95] ZHA, S. ; JAKOBSEN, A. ; HAFNER, A. ; NEKSA, P.: Design and parametric investigation on ejector for R744 transcritical system. In: *22nd IIR International Congress of Refrigeration*, 2007, Paper ICR07-B1-743, Beijing, China